31款送禮自用、團購接單必學手作曲奇食譜！

職人精選，經典歐式餅乾

下園昌江／著
徐瑜芳／譯

Sablés

Sommaire

目次

以霜狀奶油製作的餅乾

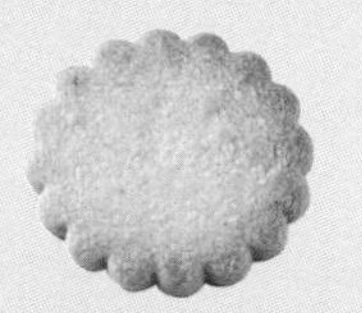

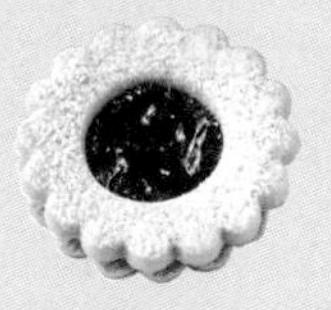

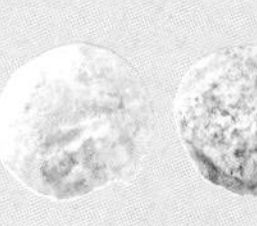

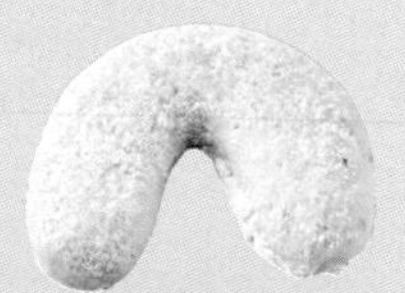

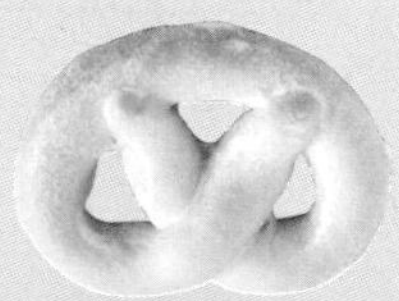

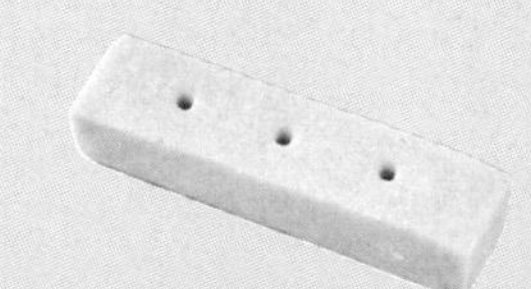

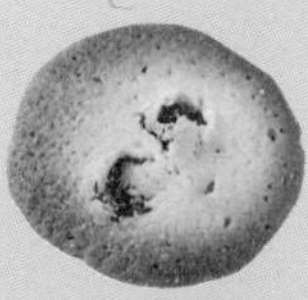

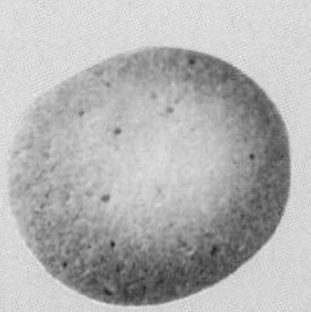

以粉狀奶油製作的餅乾

Sablés bretons
布列塔尼薄餅
p.53

Sablés de Noël
聖誕餅乾
p.56

Sablés linzer
林茲餅乾
p.58

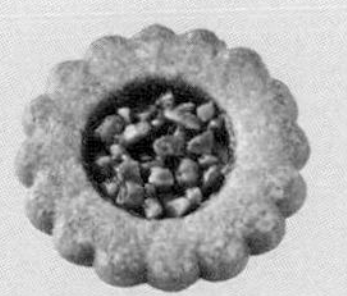

Romias
羅蜜亞
（羅馬盾牌餅乾）
p.60

Sablés au chocolat et caramel salé
巧克力鹽味焦糖餅乾
p.62

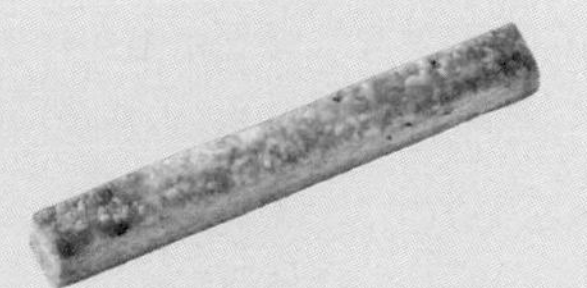

Bâtonnets de fromage
起司棒
p.64

以液狀奶油製作的餅乾

Sablés au sarrasin
蕎麥餅乾
p.67

Sablés au kokutou et gingembre
黑糖薑餅
p.70

Sablés aux épices aux raisins et noix
核桃葡萄乾香料餅乾
p.72

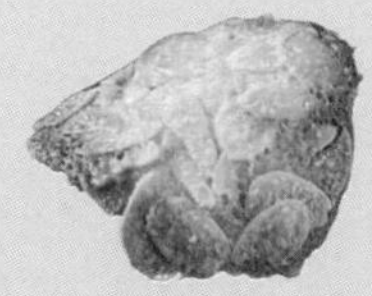

Tuiles aux amandes
杏仁瓦片
p.74

* 「B.P.」指的是泡打粉。
* 「鹽」指的都是葛宏德粗粒海鹽。
* 奶油使用的都是無鹽奶油。
* 使用電烤箱。烘烤時間及溫度多少會因機種而有差異，請觀察烤色調整。
* 模具壓出的餅乾數量，是加上剩餘麵團重新擀平再壓出的餅乾總數。

美味的祕密在於奶油！

「莎布蕾」是餅乾的一種，其中的奶油含量比例之高，
幾乎可以說是材料中的主角。

奶油是將生乳（牛奶）的鮮奶油及水分分離，
再藉由攪拌鮮奶油將脂肪匯集而成。
奶油可分為加鹽及無鹽，
一般烘焙都是使用無鹽奶油。
此外，還有一種是使用乳酸菌發酵過的鮮奶油為原料製成的發酵奶油。
比起一般奶油，它具有帶酸味的香氣、口味濃郁、鮮甜的特徵。
這種奶油在歐洲為主流。
本書的餅乾也都是使用發酵奶油製作。
當然，使用普通的無鹽奶油也沒問題。

奶油會因為溫度上升，而由固體轉變為其他狀態。
本書分別使用了攪拌過的「霜狀奶油」、和麵粉拌成的「粉狀奶油」及
融化的「液狀奶油」，為餅乾的口感及風味增添變化。

不過，美味的關鍵不僅僅是因為奶油。
砂糖、鹽及麵粉等搭配的材料也都是重要的配角。
每份食譜的材料比例都記錄了最適合各種餅乾的材料及分量。
餅乾的口感、化口性、風味、鮮甜、濃郁等美味的祕密，
就在於主角和配角們的平衡度。
因此，分量的數值計算要非常準確，
正確計量的話，一定能做出美味的莎布蕾餅乾，請務必嘗試這項挑戰！

改變奶油狀態打造三種不同口感！

霜狀奶油

＝輕盈酥脆

攪拌成乳霜狀的奶油，在攪拌過程中會拌入適量的空氣，營造出輕盈酥脆的口感。攪拌的好處不僅有口感，還有方便性。莎布蕾之中最常使用的奶油種類就是霜狀奶油。

粉狀奶油

＝酥鬆綿密

在一開始就將奶油及麵粉搓揉混合成鬆粉狀。如此一來，接著加入的水分和粉類之間的結合力就會弱化，使麵筋不容易形成，麵團會變得較易碎，讓餅乾在除了酥鬆之外還多了綿密的口感。

液狀奶油

＝香酥脆口

以40℃融化的奶油，因為變成液狀所以奶油內的空氣也隨之排出。而且液狀奶油和粉類攪拌在一起可以完全吸附在粉類上，產生香酥脆口的口感。

四種造型重點

除了口感之外，還有四種不同造型方式。
配合麵團特性可以做出各式形狀。

模具壓出造型

以模具將麵團壓出造型。麵團要確實冷卻，才能漂亮的脫模。剩餘的麵團可以再對折成一團，像最開始的麵團一樣用兩張保鮮膜夾起來，以擀麵棍擀平，接著放進冷凍庫中冰鎮20～30分鐘，再用模具壓出造型。

徒手或湯匙成形

用手滾圓、壓扁成形。滾圓的技巧就像搓湯圓那樣。手心的溫度會使奶油融化，變得不好操作，所以作業時速度要快。使用湯匙時則是用偏小的茶匙，挖出大小相同的麵團放在烤盤上。

刀具分切

將英式奶油酥餅（p.32）及起司棒（p.64）分切成長條狀時，用刀就能切得很整齊。像普瓦圖酥餅（p.38）這樣沿著盆子邊緣切割時，可以使用小刀。

擠花

填入裝了花嘴的擠花袋中擠出。這個方法有趣的是，可以透過花嘴種類改變形狀。像維也納酥餅（p.42）及山峰餅乾（p.46）這樣使用有鋸齒狀的星形花嘴，就能做出線條分明，造型華麗的餅乾。

前言

第一次發現莎布蕾餅乾的美味是在小學的時候。我經常和媽媽去店裡購買當日現烤、秤重販售的餅乾。那裡的餅乾有著新鮮奶油的香氣和濃郁的小麥風味，令人驚豔，我還記得自己總是吃得滿嘴。

長大之後，在第一間修行的甜點店裡發現的莎布蕾餅乾也很令人難忘。那間店裡賣的是切片餅乾，也是秤重販售。因為要在製作當日售完，所以，若有剩下就會變成員工的點心。這裡的餅乾可以嚐出奶香四溢的奶油風味，口感酥脆輕盈，令我不禁讚嘆「竟然有烘焙甜點可以讓人感受到奶油本身的美味！」

在那之後，我持續著甜點師的工作，並且對法國為首的歐洲甜點文化產生了興趣，逐漸開始認識在這片土地上流傳下來的莎布蕾，還有像聖誕節這種特殊時節享用的莎布蕾等，各式各樣的餅乾種類。
想著「我要自己做做看！」並且烤了很多莎布蕾餅乾之後，我發現，製作莎布蕾一定要使用奶油，而且奶油的處理方式非常重要。影響莎布蕾口感的因素，除了配方和材料之外，其實也取決於奶油的狀態。

一般而言，莎布蕾餅乾都是呈現出酥脆的口感，但是根據奶油的狀態，也會有酥鬆或酥脆的口感。希望讀者們可以享受不同口感帶來的樂趣，所以書中的餅乾食譜是依奶油的狀態來進行分類的。

幾乎所有的食譜都是我多年來反覆製作的經驗累積而成。除了基礎的法國甜點之外，我也從餅乾種類豐富的德國和維也納點心中挑選了一些，收進本書中。希望能做出樸素簡約，吃一口就能放鬆心情，讓人回味無窮的簡單好味道。

也希望讀者們能透過這本書感受到莎布蕾的魅力所在，也就是「奶油風味的美好」，並且享受不同奶油狀態產生出來的口感變化。

下園昌江

以霜狀奶油製作的餅乾

使用攪拌成霜狀的奶油時，
需配合使用的材料及成形的方法決定奶油的軟硬度。
攪拌奶油時要適度地拌入一些空氣，材料攪拌均勻，
才能做出口感酥脆，入口即化的莎布蕾。
雖然只是單純攪拌，但是進行這個步驟時還請細心處理。
許多莎布蕾餅乾都是使用霜狀奶油製成，種類非常豐富。
不同形狀也帶來許多樂趣哦。

Sablés nature
原味莎布蕾

基本的原味造型莎布蕾。
可以直接感受到奶油、杏仁、麵粉各自的香氣，是種吃不膩的好滋味。
使用喜歡的模具做出各式各樣的造型也是它的特色之一。
麵團要確實冷卻才能壓出漂亮的形狀。

Sablés nature
原味莎布蕾

材料　約29片份

奶油 …… 60g

A［糖粉 …… 45g
　鹽 …… 0.4g

杏仁粉 …… 12g

蛋液 …… 15g

低筋麵粉 …… 110g

前置準備

- 將奶油、蛋液回復至室溫。
- 將A混合。
- 低筋麵粉過篩。
- 將烤盤鋪上烘焙紙。
- 將烤箱預熱至170℃（烘烤時）。

【此處使用的模具】
直徑4.5㎝的菊花型模

製作重點

- 「將奶油回復至室溫」指的是用手指輕壓會凹陷的狀態。「偏硬的霜狀奶油」是指手指壓下會感受到些微阻力的狀態。「偏軟的霜狀奶油」則是指手指可以輕鬆戳入的程度。
- 用模具壓剩的麵團可以再折疊成團，像最開始的麵團一樣用兩張保鮮膜夾起來，以擀麵棍擀平，接著放進冷凍庫中冰鎮20～30分鐘，再用模具壓出造型。
- 作業過程中，奶油融化造成麵團開始沾黏，不容易操作時，可以將麵團放回冰箱中冰鎮再重新開始作業。
- 作業過程中，麵團若沾黏在木匙上使其不易操作時，可以用刮板刮下麵團再繼續作業。
- 烘烤時若分成兩次烘烤，第二次烘烤的餅乾可以排列在烘焙紙上，用保鮮膜輕輕覆蓋不緊貼，再放入冰箱中冷藏。

增加餅乾厚度可以享受到不同的風味！

在步驟11是將麵團擀成3㎜厚，不過，若將厚度增加至5㎜，餅乾烘烤變熟的過程也會有所不同。3㎜厚的麵團可以讓餅乾完全烤熟，充滿香氣；而5㎜厚的麵團則是表面香酥，中心因為沒有完全加熱，所以麵粉的甜味會比烘烤的香氣更加明顯。將麵團分成兩種不同厚度，就能享受到不同的風味。不過，5㎜厚的麵團烘烤時間請改為19～21分鐘。

作法

1　將奶油放入盆中，以木匙攪拌成偏硬的霜狀奶油。

2　分兩次加入A，每次加入時都用木匙慢慢地攪拌混合，待糖粉逐漸融入奶油之後，以描繪橫長橢圓的方式攪拌。

3　加入杏仁粉，以描繪橫長橢圓的方式攪拌。

4　分兩次加入蛋液，每次都用和步驟3一樣的方式攪拌混合。

5　麵粉也分兩次加入，每次加入時都用由下往上切拌的方式混合。混合程度至八成就可以了。

6　最後換成刮板，將麵團由下往上翻起再下壓，一直用這樣的方式混合至看不見粉粒為止。

7　用刮板將麵團整理成約2㎝厚的正方形，再用保鮮膜包起來放進冷藏靜置3小時～一個晚上。

＊ 時間足夠的話請靜置一個晚上，讓材料充分融合。

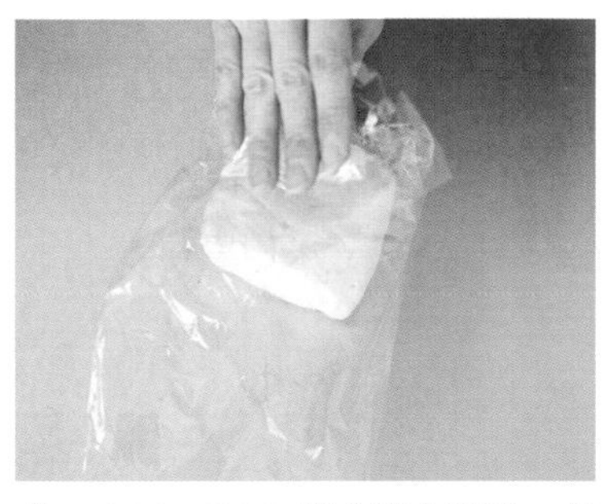

8　〈成形・烘烤〉從冰箱中取出，在周圍預留1㎝左右的空間，重新用保鮮膜輕輕的包裹。

＊ 保鮮膜若包得太緊，可能會在用擀麵棍敲打時破裂。

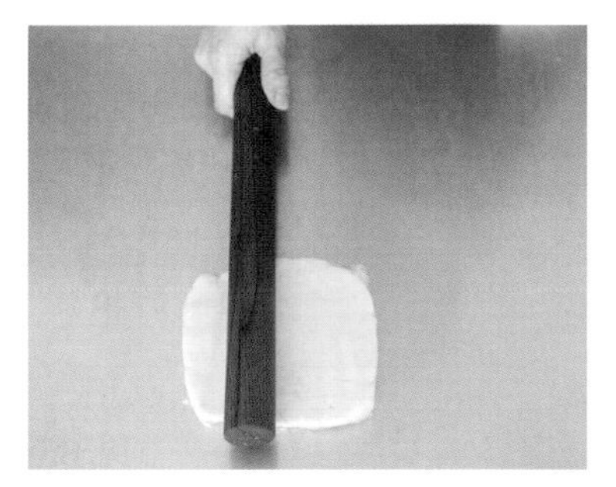

9　隔著保鮮膜，用擀麵棍敲打麵團使其軟化。接著將麵團擀成大約1㎝厚，連同保鮮膜一起將麵團翻面，再擀一次。

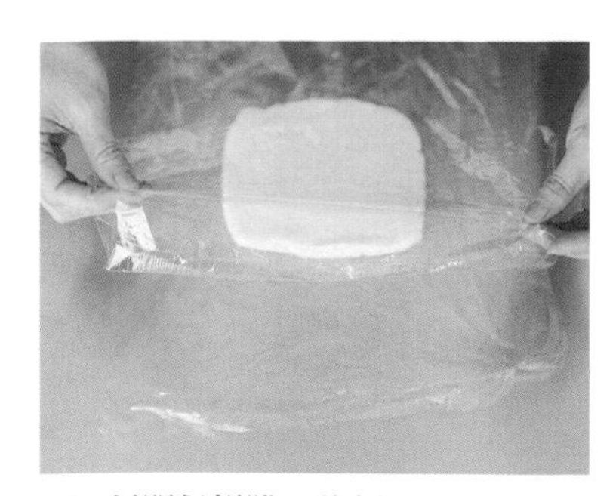

10　拆開保鮮膜，將麵團放到新的保鮮膜上，再蓋上原本那張保鮮膜，將麵團夾在中間。

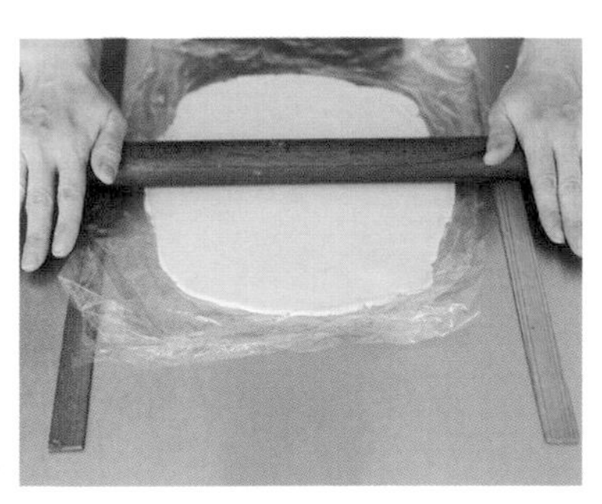

11　在麵團兩側放上3㎜的厚度尺，用擀麵棍將麵團擀平。就這樣將夾在保鮮膜中的麵團放進冷凍庫中，冰鎮20～30分鐘。

＊ 和冷藏比起來，冷凍能更快將麵團冰鎮硬化。

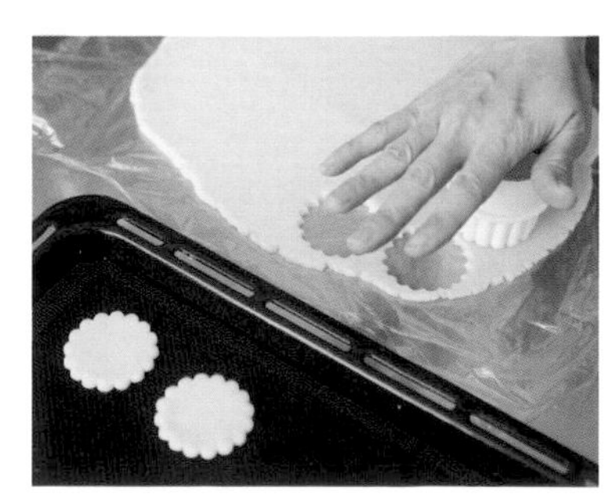

12　用模具壓出造型，在烤盤上排列約20片，每片間隔分開。放入烤箱，以170℃烘烤17～19分鐘（烤至表面呈現亮金色的程度）。烤好之後放在冷卻架上放涼。剩餘麵團也用同樣的方式處理。

保存

放入密封容器中可以常溫保存約1週（放入乾燥劑）。

Mémo　成形後的莎布蕾麵團可以冷凍保存1個月左右。成形的麵團要用保鮮膜輕輕包裹，放入冷凍庫中冰鎮3小時左右使其變硬，接著用保鮮膜包好避免乾燥，放入冷凍包鮮袋中保存。

Sablés nantais

南特酥餅

法國西北部，羅亞爾地區的城市 — 南特的特色餅乾。
南特到1941年為止都屬於隔壁的布列塔尼地區，
因此，這種餅乾與布列塔尼地區的酥餅十分相似，其特色是含有大量奶油，且帶有鹹味。

材料　約27片份

奶油 …… 80g

A
- 糖粉 …… 40g
- 鹽 …… 1.6g

杏仁粉 …… 40g

蛋黃 …… 10g

蘭姆酒 …… 6g

香草油 …… 2滴

B
- 低筋麵粉 …… 100g
- B.P. …… 0.8g

裝飾蛋液　適量

蛋黃 …… 20g

蛋液 …… 10g

細砂糖 …… 0.1g

即溶咖啡（粉末） …… 0.1g

前置準備

- 將奶油、蛋黃回復至室溫。
- 將A混合。
- 將B混合過篩。
- 製作裝飾蛋液：將蛋黃及蛋液混合打散，用茶篩過濾。加入細砂糖及咖啡粉，輕輕地攪拌，靜置一段時間使其完全融入蛋液中（約20分鐘）。
- 將烤箱預熱至170℃（烘烤時）。

【此處使用的模具】
直徑4.8㎝的圓模

保存

放入密封容器中可以常溫保存約1週（放入乾燥劑）。

作法

1. 將奶油放入盆中，以木匙攪拌成偏硬的霜狀奶油。
2. 分兩次加入A，每次加入時都用木匙慢慢地攪拌混合，待糖粉逐漸融入奶油之後，以描繪橫長橢圓的方式攪拌。
3. 加入杏仁粉，以描繪橫長橢圓的方式攪拌。
4. 依序加入蛋黃、蘭姆酒、香草油，每次都用和步驟3一樣的方式攪拌混合。
5. B也分兩次加入，每次加入時都用由下往上切拌的方式混合。混合程度至八成就可以了。
6. 最後換成刮板，將麵團由下往上翻起再下壓，一直用這樣的方式混合至看不見粉粒為止。
7. 用刮板將麵團整理成約2㎝厚的正方形，再用保鮮膜包起來放進冷藏靜置3小時～一個晚上。
8. 〈成形・烘烤〉從冰箱中取出，在周圍預留1㎝左右的空間，重新用保鮮膜輕輕的包裹。
9. 隔著保鮮膜用擀麵棍敲打麵團使其軟化。接著將麵團擀成大約1㎝厚，連同保鮮膜一起將麵團翻面，再擀一次。
10. 拆開保鮮膜，將麵團放到新的保鮮膜上，再蓋上原本那張保鮮膜，將麵團夾在中間。
11. 在麵團兩側放上4㎜的厚度尺，用擀麵棍將麵團擀平。就這樣將夾在保鮮膜中的麵團放進冷凍庫中，冰鎮20～30分鐘。
12. 用模具壓出造型，排列在烘焙紙上。
13. 用毛刷塗上兩層裝飾蛋液。塗完第一層之後先放進冰箱靜置10分鐘左右，再塗第二層*a.*。
14. 用小叉在表面畫出波浪紋*b.*，再放到烤盤上，放入烤箱，以170℃烘烤16～18分鐘。烤好之後放在冷卻架上放涼。

a.

b.

Palets bretons
布列塔尼酥餅

位於法國西北部布列塔尼地區的地方名產。
當地甜點店將剛出爐的酥餅排列在盤中的模樣，令人印象深刻。
現今已成為非常多工廠量產的商品，是法國最受歡迎的經典點心之一。
出爐當日的奶油風味最明顯，口感也很輕盈。
隔日之後會略帶濕潤感，可以嚐出杏仁的甜味。

材料　約12片份

奶油 …… 180g

A
- 糖粉 …… 102g
- 鹽 …… 2.4g

杏仁粉 …… 16g

蛋黃 …… 26g

蘭姆酒 …… 14g

香草油 …… 2滴

B
- 低筋麵粉 …… 176g
- B.P. …… 1.4g

裝飾蛋液　適量

蛋黃 …… 15g

蛋液 …… 5g

即溶咖啡（粉末） …… 少許

前置準備

- 將奶油、蛋黃回復至室溫。
- 將A混合。
- 將B混合過篩。
- 製作裝飾蛋液：將蛋黃及蛋液混合打散，用茶篩過濾。加入咖啡粉，輕輕地攪拌，靜置一段時間使其完全融入蛋液中（約20分鐘）。
- 將烤箱預熱至170℃（烘烤時）。

【此處使用的模具】

左：直徑6㎝的圓模

右：直徑6㎝的酥餅鋁模

作法

1 將奶油放入盆中，以木匙攪拌成偏硬的霜狀奶油。

2 分三次加入A，每次加入時都用木匙慢慢地攪拌混合，待糖粉逐漸融入奶油之後，以描繪橫長橢圓的方式攪拌。

3 加入杏仁粉，以描繪橫長橢圓的方式攪拌。

4 分兩次加入蛋黃，每次都用和步驟3一樣的方式攪拌混合。

5 依序加入蘭姆酒及香草油，每次都用和步驟3一樣的方式攪拌混合。

6 B也分兩次加入，每次加入時都用由下往上切拌的方式混合。混合程度至八成就可以了。

7 最後換成刮板，將麵團由下往上翻起再下壓，一直用這樣的方式混合至看不見粉粒為止。

8 用刮板將麵團整理成約2㎝厚的正方形，再用保鮮膜包起來放進冷藏靜置3小時～一個晚上。

9 〈成形〉從冰箱中取出，在周圍預留1.5㎝左右的空間，重新用保鮮膜輕輕的包裹。

10 隔著保鮮膜用擀麵棍敲打麵團使其軟化。接著將麵團擀成大約1.5㎝厚，連同保鮮膜一起將麵團翻面，再擀一次。

11 拆開保鮮膜，將麵團放到新的保鮮膜上，再蓋上原本那張保鮮膜，將麵團夾在中間。在麵團兩側放上1㎝的厚度尺，用擀麵棍將麵團擀平。就這樣將夾在保鮮膜中的麵團放進冷凍庫中，冰鎮20～30分鐘。

12 用模具壓出造型，排列在烘焙紙上。

13 用毛刷塗上兩層裝飾蛋液。塗完第一層之後先放進冰箱靜置10分鐘左右，再塗第二層。

14 用小叉在表面畫出波浪紋*a.*，再放入鋁模中*b.*。

* 麵團太軟的話無法維持形狀。變軟時可以先放進冷凍庫中冰鎮15～30分鐘再放進鋁模中。

15 〈烘烤〉放到烤盤上，放入烤箱，以170℃烘烤25分鐘。接著將溫度調降至160℃，繼續烘烤18～20分鐘（將花紋凹槽部分也烤上色）。烤好之後放到冷卻架上放涼。

保存

放入密封容器中可以常溫保存約1週（放入乾燥劑）。

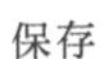

a.

b.

Sablés très citron

檸檬莎布蕾

可以充分享受到檸檬風味及香氣的一款莎布蕾。

將剛出爐的莎布蕾塗上檸檬糖液，放入口中時可以感覺到新鮮的檸檬酸味在口中擴散。

清爽不膩的風味，很適合送給不愛吃甜食的朋友。

材料　約20片份

奶油 …… 60g

A［糖粉 …… 40g
　 鹽 …… 0.3g

香草油 …… 1滴

檸檬皮（磨末）…… 1/3個份

蛋液 …… 12g

檸檬汁 …… 8g

B［低筋麵粉 …… 118g
　 噴霧乾燥檸檬粉 …… 5g
　 B.P. …… 1.2g

檸檬糖液　容易製作的分量

糖粉 …… 15g

檸檬汁 …… 5g

噴霧乾燥檸檬粉

具有清爽的香氣及酸味，以比例恰到好處的檸檬汁及檸檬皮搭配製成。KUKKU噴霧乾燥檸檬粉 30g/TOMIZ

前置準備

- 將奶油、蛋液回復至室溫。
- 將A混合。
- 將B混合過篩。
- 製作檸檬糖液：將糖粉加入檸檬汁中溶解。
- 將烤盤鋪上烘焙紙。
- 將烤箱預熱至170℃（烘烤時）。

【此處使用的模具】
7.2×4.7㎝的檸檬型模具

保存

放入密封容器中可以常溫保存約10天（放入乾燥劑）。

作法

1. 將奶油放入盆中，以木匙攪拌成偏硬的霜狀奶油。
2. 分兩次加入A，每次加入時都用木匙慢慢地攪拌混合，待糖粉逐漸融入奶油之後，以描繪橫長橢圓的方式攪拌。
3. 依序加入香草油及檸檬皮末，每次加入都以描繪橫長橢圓的方式攪拌。
4. 接著依序加入蛋液、檸檬汁，每次都用和步驟3一樣的方式攪拌混合。
5. B也分兩次加入，每次加入時都用由下往上切拌的方式混合。混合程度至八成就可以了。
6. 最後換成刮板，將麵團由下往上翻起再下壓，一直用這樣的方式混合至看不見粉粒為止。
7. 用刮板將麵團整理成約2㎝厚的正方形，再用保鮮膜包起來放進冷藏靜置3小時～一個晚上。
8. 〈成形〉從冰箱中取出，在周圍預留1㎝左右的空間，重新用保鮮膜輕輕的包裹。
9. 隔著保鮮膜用擀麵棍敲打麵團使其軟化。接著將麵團擀成大約1㎝厚，連同保鮮膜一起將麵團翻面，再擀一次。
10. 拆開保鮮膜，將麵團放到新的保鮮膜上，再蓋上原本那張保鮮膜，將麵團夾在中間。
11. 在麵團兩側放上3㎜的厚度尺，用擀麵棍將麵團擀平。就這樣將夾在保鮮膜中的麵團放進冷凍庫中，冰鎮20～30分鐘。
12. 用模具壓出造型，排列在烘焙紙上，用字母印章壓上「CITRON」字樣*a.*。

＊ 字母印章可以在烘焙材料行購買。將想要刻印的單字字母排列在壓條上。

13. 〈烘烤・刷糖液〉放入烤箱，以170℃烘烤約15分鐘。
14. 烤好之後馬上用毛刷在表面塗上薄薄的檸檬糖液，再放入烤箱，以170℃烘烤大約30秒使其乾燥。

a.

Sablés au citron
檸檬糖霜莎布蕾

進入春天之後氣溫開始升高，就會開始想吃一些帶有酸味的莎布蕾。
塗上酸甜的檸檬糖霜，讓餅乾表面呈現白色。
糖霜沒有完全乾燥的話，餅乾會受潮，所以要確實地晾乾。

材料　約18片份

奶油 …… 65g

A
- 糖粉 …… 50g
- 鹽 …… 0.2g

檸檬皮（磨末）…… $\frac{1}{3}$個份

杏仁粉 …… 16g

蛋液 …… 20g

香草油 …… 1滴

B
- 低筋麵粉 …… 120g
- B.P. …… 0.6g

檸檬糖霜　容易製作的分量

糖粉 …… 80g

檸檬汁 …… 15g+1g

前置準備

- 將奶油、蛋液回復至室溫。
- 將A混合。
- 將B混合過篩。
- 製作檸檬糖霜：將糖粉加入15g檸檬汁混合均勻，再以1g的檸檬汁調整濃稠度。濃度大約是滴落時痕跡會殘留2～3秒才消失的程度*a.*。
- 將烤盤鋪上烘焙紙。
- 將烤箱預熱至170℃（烘烤時）。

【此處使用的模具】
直徑6㎝的圓模

作法

1. 將奶油放入盆中，以木匙攪拌成偏硬的霜狀奶油。
2. 分三次加入A，每次加入時都用木匙慢慢地攪拌混合，待糖粉逐漸融入奶油之後，以描繪橫長橢圓的方式攪拌。
3. 加入檸檬皮末，以描繪橫長橢圓的方式攪拌。
4. 分兩次加入杏仁粉，每次都用和步驟3一樣的方式攪拌混合。
5. 分兩次加入蛋液，每次都用和步驟3一樣的方式攪拌混合。
6. 加入香草油，和步驟3一樣攪拌混合。
7. B也分兩次加入，每次加入時都用由下往上切拌的方式混合。混合程度至八成就可以了。
8. 最後換成刮板，將麵團由下往上翻起再下壓，一直用這樣的方式混合至看不見粉粒為止。
9. 用刮板將麵團整理成約2㎝厚的正方形，再用保鮮膜包起來放進冷藏靜置3小時～一個晚上。
10. 〈成形・烘烤〉從冰箱中取出，在周圍預留1㎝左右的空間，重新用保鮮膜輕輕的包裹。
11. 隔著保鮮膜用擀麵棍敲打麵團使其軟化。接著將麵團擀成大約1㎝厚，連同保鮮膜一起將麵團翻面，再擀一次。
12. 拆開保鮮膜，將麵團放到新的保鮮膜上，再蓋上原本那張保鮮膜，將麵團夾在中間。
13. 在麵團兩側放上3㎜的厚度尺，用擀麵棍將麵團擀平。就這樣將夾在保鮮膜中的麵團放進冷凍庫中，冰鎮20～30分鐘。
14. 用模具壓出造型，排列在烤盤上，放入烤箱，以170℃烘烤約17～19分鐘。烤好之後放到冷卻架上放涼。
15. 〈刷糖霜〉將步驟14的餅乾放到烤盤上，用毛刷將其塗上檸檬糖霜。
16. 將烤箱溫度調高至200～210℃，將餅乾再放入烤箱烘烤大約1分～1分30秒，接著置於常溫中數小時待糖霜乾燥。

保存

因為塗了糖霜，隨著時間拉長餅乾就會逐漸受潮。所以要儘早吃完。

a.

Spitzbuben
果醬夾心餅

這種可愛的餅乾原文直譯是「搗蛋鬼」的意思。在德國及維也納是很經典的莎布蕾。
覆盆子及杏桃果醬雖然是夾在原味莎布蕾中間，
不過它的特色是上層的莎布蕾會挖出心型或星型的洞，使中間的果醬露出來。

材料　約16片份

奶油 …… 60g

A［糖粉 …… 30g
　 鹽 …… 0.2g

檸檬皮（磨末）…… 1/6個份

蛋液 …… 10g

低筋麵粉 …… 90g

糖粉 …… 適量

覆盆子果醬 …… 80g

水 …… 10g

前置準備

- 將奶油、蛋液回復至室溫。
- 將A混合。
- 將低筋麵粉混合過篩。
- 將烤盤鋪上烘焙紙。
- 將烤箱預熱至170℃（烘烤時）。

【此處使用的模具】

直徑4.5 cm的菊花型模

＊另外準備口徑11 mm的圓形花嘴（挖洞用）

作法

1 將奶油放入盆中，以木匙攪拌成偏硬的霜狀奶油。

2 分兩次加入A，每次加入時都用木匙慢慢地攪拌混合，待糖粉逐漸融入奶油之後，以描繪橫長橢圓的方式攪拌。

3 加入檸檬皮末，以描繪橫長橢圓的方式攪拌。

4 分兩次加入蛋液，每次都用和步驟3一樣的方式攪拌混合。

5 低筋麵粉也分兩次加入，每次加入時都用由下往上切拌的方式混合。混合程度至八成就可以了。

6 最後換成刮板，將麵團由下往上翻起再下壓，一直用這樣的方式混合至看不見粉粒為止。

7 用刮板將麵團整理成約2cm厚的正方形，再用保鮮膜包起來放進冷藏靜置3小時～一個晚上。

8 〈成形〉從冰箱中取出，在周圍預留1cm左右的空間，重新用保鮮膜輕輕的包裹。

9 隔著保鮮膜用擀麵棍敲打麵團使其軟化。接著將麵團擀成大約1cm厚，連同保鮮膜一起將麵團翻面，再擀一次。

10 拆開保鮮膜，將麵團放到新的保鮮膜上，再蓋上原本那張保鮮膜，將麵團夾在中間。

11 在麵團兩側放上2mm的厚度尺，用擀麵棍將麵團擀平。就這樣將夾在保鮮膜中的麵團放進冷凍庫中，冰鎮20～30分鐘。

12 用模具壓出造型，排列在烤盤上，用花嘴較大開口的那端在一半的麵團中心挖洞*a.*。

13 〈烘烤・裝飾〉放入烤箱，以170℃烘烤約13～15分鐘（烤成淡金色）。烤好之後放到冷卻架上放涼。

＊因為餅乾比較薄，要注意別烤焦了。

14 將步驟12挖好洞的餅乾以茶篩撒上糖粉。

15 將覆盆子果醬及分量內的水加入小鍋中，以小火加熱。一直熬煮到果醬滴入冷水中會結塊的程度*b.*。

16 以湯匙在步驟12中未挖洞的餅乾上放上果醬，再蓋上步驟14挖好洞的餅乾。

保存

果醬的水分會讓餅乾受潮，所以要盡可能早點吃完。

a.

b.

Sablés au praliné

焦糖堅果醬餅乾

這款餅乾的靈感來自於我以前在法國亞爾薩斯地區學到的焦糖堅果塔。

在焦糖堅果風味的莎布蕾中夾入巧克力及焦糖堅果醬，強調焦糖堅果的味道。

帶有一些淡淡的肉桂香氣，更能襯托出巧克力及焦糖堅果醬的美味。

材料　約15個分

奶油 …… 60g
焦糖堅果醬（榛果）…… 8g
A［糖粉 …… 40g
　 鹽 …… 0.2g］
杏仁粉 …… 10g
蛋液 …… 18g
B［低筋麵粉 …… 100g
　 B.P. …… 0.5g
　 肉桂粉 …… 0.8g］

夾餡

牛奶巧克力 …… 80g
焦糖堅果醬（榛果）…… 30g

裝飾用巧克力（牛奶）…… 適量
開心果（粗碎粒）…… 適量

焦糖榛果醬
將細砂糖熬煮成焦糖，再加入烘烤過的榛果，磨成膏狀製成的。IP焦糖榛果醬 200g/TOMIZ

前置準備

- 將奶油、蛋液回復至室溫。
- 將A混合。
- 將B混合過篩。
- 製作夾餡：將牛奶巧克力隔水加熱融化，加入焦糖堅果醬，以橡皮刮刀攪拌均勻，置於常溫中直到呈現黏稠感。
  ＊ 放入保存容器中冷藏可保存2週。使用時要隔水加熱。
- 將烤盤鋪上烘焙紙。
- 將烤箱預熱至170℃（烘烤時）。

【此處使用的模具】
5.5×3.5㎝的長方形模

保存

放入密封容器中可常溫（天氣熱時請放進冰箱）保存約1週（放入乾燥劑）。

作法

1. 將奶油放入盆中，以木匙攪拌成偏硬的霜狀奶油。
2. 加入焦糖堅果醬，攪拌均勻。
3. 分兩次加入A，每次加入時都用木匙慢慢地攪拌混合，待糖粉逐漸融入奶油之後，以描繪橫長橢圓的方式攪拌。
4. 加入杏仁粉，以描繪橫長橢圓的方式攪拌。
5. 分兩次加入蛋液，每次加入時都用和步驟4一樣的方式攪拌混合。
6. B也分兩次加入，每次加入時都用由下往上切拌的方式混合。混合程度至八成就可以了。
7. 最後換成刮板，將麵團由下往上翻起再下壓，一直用這樣的方式混合至看不見粉粒為止。
8. 用刮板將麵團整理成約2㎝厚的正方形，再用保鮮膜包起來放進冷藏靜置3小時～一個晚上。
9. 〈成形〉從冰箱中取出，在周圍預留1㎝左右的空間，重新用保鮮膜輕輕的包裹。
10. 隔著保鮮膜用擀麵棍敲打麵團使其軟化。接著將麵團擀成大約1㎝厚，連同保鮮膜一起將麵團翻面，再擀一次。
11. 拆開保鮮膜，將麵團放到新的保鮮膜上，再蓋上原本那張保鮮膜，將麵團夾在中間。
12. 在麵團兩側放上3㎜的厚度尺，用擀麵棍將麵團擀平。就這樣將夾在保鮮膜中的麵團放進冷凍庫中，冰鎮20～30分鐘。
    ＊ 加入焦糖堅果醬的麵團很柔軟，如果變得不容易操作，可以先放進冰箱冷藏或冷凍，待其冷卻之後再開始作業。
13. 用模具壓出造型，排列在烤盤上。
14. 〈烘烤・裝飾〉放入烤箱，以170℃烘烤約18～20分鐘。烤好之後放到冷卻架上放涼。
15. 用湯匙挖取夾餡，在一半步驟14的餅乾，每片放上約4g，再蓋上另外一片餅乾*a.*。夾好之後放入冰箱中冷藏5～10分鐘。
16. 將裝飾用的巧克力隔水加熱融化，再將步驟15的餅乾斜放沾取融化的巧克力*b.*，再撒上開心果碎粒。
17. 再放入冰箱中冷藏5～10分鐘，使巧克力凝固。

a.

b.

Boules de neige

雪球

模仿小雪球外型製成的甜點。
原文為Boules de neige，在日本較常稱作Snow ball。
因為材料中除了麵粉還加了玉米澱粉，所以口感輕盈酥脆。
吃起來入口即化，讓人忍不住一顆接一顆。
可以在最後撒上的糖粉中混入抹茶及草莓粉，享受口味變化的樂趣。

材料　約30個份

奶油 …… 64g

A
- 糖粉 …… 16g
- 鹽 …… 0.4g

香草油 …… 1滴

杏仁粉 …… 30g

B
- 低筋麵粉 …… 58g
- 玉米澱粉 …… 20g

裝飾用糖粉（白）

糖粉 …… 30g

裝飾用糖粉（抹茶）

糖粉 …… 30g
抹茶粉 …… 1.2g

裝飾用糖粉（草莓）

糖粉 …… 30g
草莓粉 …… 3g

前置準備

- 將奶油回復至室溫。
- 將A混合。
- 將B混合過篩。
- 將裝飾用糖粉分別與抹茶及草莓粉混合過篩，放入密封容器中。
- 將烤箱預熱至170℃（烘烤時）。

作法

1. 將奶油放入盆中，以木匙攪拌成偏硬的霜狀奶油。
2. 分兩次加入A，每次加入時都用木匙慢慢地攪拌混合，待糖粉逐漸融入奶油之後，以描繪橫長橢圓的方式攪拌。
3. 依序加入香草油及杏仁粉，每次加入都以描繪橫長橢圓的方式攪拌。
4. B也分兩次加入，每次加入時都用由下往上切拌的方式混合。混合程度至八成就可以了。
5. 最後換成刮板，將麵團由下往上翻起再下壓，一直用這樣的方式混合至看不見粉粒為止。
6. 用刮板將麵團整理成約2㎝厚的正方形，再用保鮮膜包起來放進冷藏靜置3小時～一個晚上。
7. 〈成形〉從冰箱中取出，用刮板將其分成6等分，用手掌在台面上將麵團分別按壓搓揉*a.*，再滾成一團。
8. 用刮板將麵團分割成大拇指的大小（約6g），接著像搓湯圓一樣將麵團滾圓*b.*，排列在烘焙紙上。
9. 〈烘烤．撒糖粉〉放上烤盤，放入烤箱，以170℃烘烤約18分鐘（烤成淡金色）。
10. 放涼之後，分別裹上三種裝飾用糖粉，完全冷卻後再裹一次。

＊ 氣溫較高時，裹上的糖粉會容易融化沾黏。可以先放進冰箱中冷藏10分鐘左右，再裹第二次糖粉。

保存

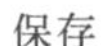

放入密封容器中可常溫（天氣熱時請放進冰箱）保存約1週（放入乾燥劑）。

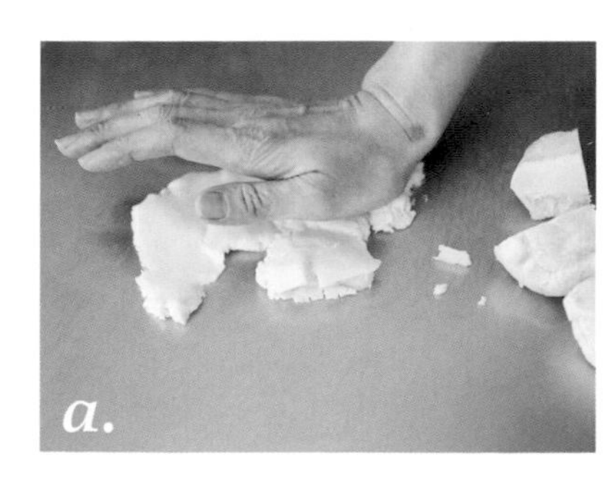
a.

b.

Vanillekipfel
香草新月餅乾

這種新月形莎布蕾在維也納及德國都是經典款。
堅果風味及散發著甜香的香草融合成一股柔和的滋味，
是男女老幼都會喜歡的好味道。
將部分麵粉換成玉米澱粉，可以做出更輕盈的口感。

材料　34個份

奶油 …… 100g

A
- 糖粉 …… 28g
- 鹽 …… 0.6g

香草油 …… 1滴

B
- 杏仁粉 …… 37g
- 榛果粉 …… 10g

C
- 低筋麵粉 …… 77g
- 玉米澱粉 …… 27g

手粉（高筋麵粉） …… 適量

糖粉 …… 適量

前置準備

- 將奶油回復至室溫。
- 將A混合。
- 將B混合，用網目較粗的篩網（例如：竹篩）過篩。
- 將C混合過篩。
- 將烤盤鋪上烘焙紙。
- 將烤箱預熱至170℃（烘烤時）。

作法

1 將奶油放入盆中，以木匙攪拌成偏硬的霜狀奶油。

2 分兩次加入A，每次加入時都用木匙慢慢地攪拌混合，待糖粉逐漸融入奶油之後，以描繪橫長橢圓的方式攪拌。

3 加入香草油，以描繪橫長橢圓的方式攪拌。

4 分兩次加入B，每次加入時都用和步驟3一樣的方式攪拌混合。

5 C也分兩次加入，每次加入時都用由下往上切拌的方式混合。混合程度至八成就可以了。

6 最後換成刮板，將麵團由下往上翻起再下壓，一直用這樣的方式混合至看不見粉粒為止。

7 用刮板將麵團整理成約2㎝厚的正方形，再用保鮮膜包起來放進冷藏靜置3小時～一個晚上。

8 〈成形〉拆掉保鮮膜，將麵團放在台面上，用手掌按壓搓揉，將其搓揉均勻。

9 將麵團分成二等分，分別搓成圓筒狀，接著用手掌在台面上將其滾動搓揉成約27㎝長的條狀。

10 用刮板將麵團分割成每個8g，邊切邊量。接著在台面上撒上手粉，再用手掌將每塊麵團滾動成9㎝長的繩子狀***a.***。

11 將麵團彎成新月形，排列在烤盤上。

＊為了避免麵團溫度上升，動作要迅速。

12 〈烘烤・裝飾〉放入烤箱以170℃烘烤約15分鐘（烤成淡金色）。

13 出爐之後馬上用茶篩撒上糖粉，完全冷卻後再撒一次。

保存

放入密封容器中可常溫保存約1週（放入乾燥劑）。

a.

Nuss
核桃酥餅

一口大小，形狀圓滾滾的可愛小餅乾。
除了餅乾本身含有核桃之外，頂端也放了核桃，
可以享受到核桃撲鼻的香氣及淡淡的甘甜，口味柔和。
只有核桃粉的話苦味會比較重，加入杏仁粉調和是個重點。
這款餅乾很適合搭配紅茶或咖啡享用。

材料　30個份

奶油 …… 75g

A［糖粉 …… 24g / 鹽 …… 0.2g］

B［杏仁粉 …… 28g / 核桃粉 …… 8g］

香草油 …… 1滴

C［低筋麵粉 …… 58g / 玉米澱粉 …… 20g］

杏桃果醬 …… 適量

核桃（烘烤／無糖） …… 適量

前置準備

- 將奶油回復至室溫。
- 將A混合。
- 將B混合，用網目較粗的篩網過篩。
- 將C混合過篩。
- 將烤盤鋪上烘焙紙。
- 將烤箱預熱至170℃（烘烤時）。

作法

1. 將奶油放入盆中，以木匙攪拌成偏硬的霜狀奶油。
2. 分兩次加入A，每次加入時都用木匙慢慢地攪拌混合，待糖粉逐漸融入奶油之後，以描繪橫長橢圓的方式攪拌。
3. 加入B，以描繪橫長橢圓的方式攪拌。
4. 加入香草油，每次加入時都用和步驟3一樣的方式攪拌混合。
5. C也分兩次加入，每次加入時都用由下往上切拌的方式混合。混合程度至八成就可以了。
6. 最後換成刮板，將麵團由下往上翻起再下壓，一直用這樣的方式混合至看不見粉粒為止。
7. 用刮板將麵團整理成約2㎝厚的正方形，再用保鮮膜包起來放進冷藏靜置3小時～一個晚上。
8. 〈成形〉拆掉保鮮膜，將麵團放在台面上，用手掌按壓搓揉，將其搓揉均勻。
9. 將步驟8的麵團搓成圓筒狀，接著用手掌在台面上將其滾動搓揉成約40㎝長的條狀。
10. 用刮板將麵團分割成每個7g，邊切邊量。
11. 用手掌將麵團滾圓後排列在烤盤上，用手指輕壓麵團中心 ***a.***，並且用湯匙在凹陷處放入杏桃果醬，再放上核桃 ***b.***。
    * 核桃太大的話可以切成¼～½。
12. 〈烘烤〉放入烤箱以170℃烘烤約13～15分鐘（烤成淡金色）。烤好之後放到冷卻架上放涼。

保存

放入密封容器中可常溫保存約1週（放入乾燥劑）。

Pretzel

蝴蝶餅

模仿德國、法國亞爾薩斯著名的扭結麵包形狀製成的莎布蕾。

形狀的由來眾說紛紜，其中幾個比較廣為流傳的說法是這代表修道士在祈禱時將手腕交叉的樣子；

還有人說是領主命令犯罪的麵包師製作「可以看見三次太陽的麵包」而做出具有3個洞的形狀。

材料　約26個份

奶油 …… 48g

A［糖粉 …… 42g
　 鹽 …… 0.5g

蛋液 …… 12g

檸檬皮（磨末） …… 1/6個份

香草油 …… 1滴

低筋麵粉 …… 95g

手粉（高筋麵粉） …… 適量

蘭姆糖霜

糖粉 …… 48g

蘭姆酒 …… 8g

水 …… 4g

前置準備

- 將奶油及蛋液回復至室溫。
- 將A混合。
- 將低筋麵粉過篩。
- 製作蘭姆糖霜：將糖粉放入盆中，加入蘭姆酒及分量內的水，以橡皮刮刀充分攪拌混合。
- 將烤盤鋪上烘焙紙。
- 將烤箱預熱至170℃（烘烤時）。

作法

1 將奶油放入盆中，以木匙攪拌成偏硬的霜狀奶油。

2 分兩次加入A，每次加入時都用木匙慢慢地攪拌混合，待糖粉逐漸融入奶油之後，以描繪橫長橢圓的方式攪拌。

3 分兩次加入蛋液，每次加入都以描繪橫長橢圓的方式攪拌。

4 接著依序加入檸檬皮末及香草油，每次都用和步驟3一樣的方式攪拌混合。

5 麵粉也分兩次加入，每次加入時都用由下往上切拌的方式混合。混合程度至八成就可以了。

6 最後換成刮板，將麵團由下往上翻起再下壓，一直用這樣的方式混合至看不見粉粒為止。

7 用刮板將麵團整理成約2㎝厚的正方形，再用保鮮膜包起來放進冷藏靜置3小時～一個晚上。

8 〈成形〉拆掉保鮮膜，將麵團放在台面上，用手掌按壓搓揉，將其搓揉均勻。

9 將步驟8的麵團搓成圓筒狀，接著用手掌在台面上將其滾動搓揉成約36㎝長的條狀。

10 用刮板將麵團分割成每個8g，邊切邊量。接著在台面及麵團上撒上手粉，用手掌將麵團揉成19㎝的細長條狀 ***a.***。

11 放到烤盤上，摺成蝴蝶餅的形狀 ***b.***。

＊ 速度要快，避免麵團溫度上升。

12 〈烘烤・裝飾〉放入烤箱以170℃烘烤約15～18分鐘（烤成淡金色）。烤好之後放到冷卻架上放涼。

13 將步驟12的餅乾放到烤盤上，以毛刷塗上一層薄薄的蘭姆糖霜，將烤箱溫度提高至190℃，將餅乾放入烤箱中約20秒，使表面乾燥。

保存

放入密封容器中可以常溫保存約10天（放入乾燥劑）。

a.

b.

Short bread
英式奶油酥餅

過去曾是蘇格蘭地區慶祝聖誕節及新年時會吃的特殊甜點，
而現在已是一般常見的點心。
最初的形狀是以太陽為靈感製成邊緣為鋸齒狀的圓型，
現今則是以細條狀為主流。
是款口感輕盈酥脆，且可以感受到麵粉風味的樸素英式甜點。

霜狀奶油　　刀具分切

材料　約22個份

奶油 …… 100g

糖粉 …… 42g

A
- 牛奶 …… 17g
- 鹽 …… 1.3g

香草油 …… 1滴

B
- 低筋麵粉 …… 160g
- 玉米澱粉 …… 25g

前置準備

- 將奶油回復至室溫。
- 將A混合使鹽溶解。
- 將B混合過篩。
- 將烤盤鋪上烘焙紙。
- 將烤箱預熱至130℃（烘烤時）。

作法

1. 將奶油放入盆中，以木匙攪拌成偏硬的霜狀奶油。
2. 分兩次加入糖粉，每次加入時都用木匙慢慢地攪拌混合，待糖粉逐漸融入奶油之後，以描繪橫長橢圓的方式攪拌。
3. 分兩次加入A，每次都用打蛋器以描繪橫長橢圓的方式攪拌，混合均勻*a.*。

   ＊ 麵團不易融合時，可以隔水加熱稍微幫盆中加溫。但要注意別讓奶油融化。
4. 加入香草油，以和步驟3一樣的方式攪拌混合。
5. B也分兩次加入，每次加入時都用木匙由下往上切拌的方式混合。混合程度至八成就可以了。
6. 最後換成刮板，將麵團由下往上翻起再下壓，一直用這樣的方式混合至看不見粉粒為止。
7. 用刮板將麵團整理成約2㎝厚的正方形，再用保鮮膜包起來放進冷藏靜置2～3小時。
8. 〈成形〉從冰箱中取出，在周圍預留1㎝左右的空間，重新用保鮮膜輕輕的包裹。
9. 隔著保鮮膜用擀麵棍敲打麵團使其軟化。接著將麵團擀成大約1.5㎝厚，連同保鮮膜一起將麵團翻面，再擀一次。
10. 拆開保鮮膜，將麵團放到新的保鮮膜上，再蓋上原本那張保鮮膜，將麵團夾在中間。
11. 在麵團兩側放上1.2㎝的厚度尺，用擀麵棍將麵團擀成17×13㎝。就這樣將夾在保鮮膜中的麵團放進冷凍庫中，冰鎮20～30分鐘。
12. 用小刀或菜刀將麵團分切為1.5×6㎝的條狀，並用筷子在每塊麵團上戳3個洞，再排列到烤盤上。
13. 〈烘烤〉放入烤箱，以130℃烘烤50～55分鐘。烤好之後放到冷卻架上放涼。

    ＊ 盡量不要烤上色。過程中感覺要出現烤色時，可以將烤箱溫度降低10℃。

保存

放入密封容器中可以常溫保存約10天（放入乾燥劑）。

Sablés chocolat amandes

巧克力杏仁酥餅

這是款可以直接感受到可可苦味的餅乾。
麵團中加入杏仁片，增添了香氣和濃郁的風味。
烤好直接吃就很好吃了，
不過，最後外面再裹上一層巧克力，可以讓巧克力口味吃起來更加豐富。

材料　約30片份

奶油 …… 100g
A［糖粉 …… 60g
　 鹽 …… 0.5g
蛋黃 …… 12g
B［低筋麵粉 …… 134g
　 可可粉 …… 12g
杏仁片 …… 48g

前置準備

- 將奶油及蛋黃回復至室溫。
- 將A混合。
- 將B混合過篩。
- 以170℃將杏仁片烘烤12～15分鐘。
- 將烤盤鋪上烘焙紙。
- 將烤箱預熱至160℃（烘烤時）。

作法

1 將奶油放入盆中，以木匙攪拌成偏硬的霜狀奶油。
2 分三次加入A，每次加入時都用木匙慢慢地攪拌混合，待糖粉逐漸融入奶油之後，以描繪橫長橢圓的方式攪拌。
3 加入蛋黃，以描繪橫長橢圓的方式攪拌混合。
4 B也分兩次加入，每次加入時都用由下往上切拌的方式混合。混合程度至八成時，加入杏仁片*a.*，再用刮板將麵團拌勻。
5 用刮板將麵團整理成約2㎝厚的正方形，再用保鮮膜包起來放進冷藏靜置2～3小時。
6 〈成形〉從冰箱中取出，在周圍預留1㎝左右的空間，重新用保鮮膜輕輕的包裹。
7 隔著保鮮膜用擀麵棍敲打麵團使其軟化。接著將麵團擀成大約1㎝厚，連同保鮮膜一起將麵團翻面，再擀一次。
8 拆開保鮮膜，將麵團放到新的保鮮膜上，再蓋上原本那張保鮮膜，將麵團夾在中間。
9 在麵團兩側放上5㎜的厚度尺，用擀麵棍將麵團擀成26×22㎝。就這樣將夾在保鮮膜中的麵團放進冷凍庫中，冰鎮20～30分鐘。
10 用小刀將麵團分切為邊長3.8㎝的方塊，排列到烤盤上。
11 〈烘烤〉放入烤箱，以160℃烘烤約25分鐘。烤好之後放到冷卻架上放涼。

保存

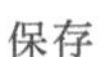

放入密封容器中可以常溫保存約10天（放入乾燥劑）。

Florentins
佛羅倫汀脆餅

以酥脆的莎布蕾加上焦糖風味的牛軋糖，是款奢華的餅乾。
添加了奶油及杏仁的香醇風味，雖然小塊，但是仍帶有脆度。
趁熱翻面分切，就能切出整齊漂亮的線條。

材料　21個份

奶油 …… 53g
糖粉 …… 33g
杏仁粉 …… 13g
蛋液 …… 17g
A［低筋麵粉 …… 87g
　 B.P. …… 0.4g

牛軋糖

奶油 …… 9g
細砂糖 …… 23g
鮮奶油（乳脂肪量45～47%） …… 15g
蜂蜜 …… 15g
杏仁片 …… 40g

前置準備

- 將奶油及蛋液回復至室溫。
- 將A混合過篩。
- 將烤盤鋪上烘焙紙。
- 將烤箱預熱至170℃（烘烤時）。

a.

b.

作法

1 將奶油放入盆中，以木匙攪拌成偏硬的霜狀奶油。

2 分兩次加入糖粉，每次加入時都用木匙慢慢地攪拌混合，待糖粉逐漸融入奶油之後，以描繪橫長橢圓的方式攪拌。

3 加入杏仁粉，以描繪橫長橢圓的方式攪拌混合。

4 分兩次加入蛋液，每次都用和步驟3一樣的方式攪拌混合。

5 A也分兩次加入，每次加入時都用由下往上切拌的方式混合。混合程度至八成就可以了。

6 最後換成刮板，將麵團由下往上翻起再下壓，一直用這樣的方式混合至看不見粉粒為止。

7 用刮板將麵團整理成約2㎝厚的正方形，再用保鮮膜包起來放進冷藏靜置3小時～一個晚上。

8 〈成形〉從冰箱中取出，在周圍預留1㎝左右的空間，重新用保鮮膜輕輕的包裹。

9 隔著保鮮膜用擀麵棍敲打麵團使其軟化。接著將麵團擀成大約1㎝厚，連同保鮮膜一起將麵團翻面，再擀一次。

10 拆開保鮮膜，將麵團放到新的保鮮膜上，再蓋上原本那張保鮮膜，將麵團夾在中間。

11 在麵團兩側放上5㎜的厚度尺，用擀麵棍將麵團擀成邊長約16㎝的正方形。就這樣將夾在保鮮膜中的麵團放進冷凍庫中，冰鎮20～30分鐘。

12 用小刀將麵團分切為邊長15㎝的正方形，排列到烤盤上。

13 〈烘烤〉放入烤箱，以170℃烘烤約18～20分鐘（烤成淡金色）。烤好之後放到冷卻架上放涼。

14 製作牛軋糖：將杏仁片以外的材料放入小鍋子中，以中火加熱，煮至115℃時關火，加入杏仁片攪拌混合。

15 將步驟14的牛軋糖放在步驟13的莎布蕾上，以橡皮刮刀抹勻。

16 〈烘烤・裝飾〉為了不讓牛軋糖溢出，要在餅乾外圍包上兩層鋁箔紙*a.*，再以170℃烘烤約20分鐘。

17 在表面還是溫熱的時候將牛軋糖部分朝下擺放，將邊緣切齊。接著分切成4.8×2㎝的條狀*b.*。

保存

放入密封容器中可以常溫保存約1週（放入乾燥劑）。

Broyé du Poitou
普瓦圖酥餅

「broyer」是「敲碎」的意思。
之所以這樣命名，是因為享用這款點心時要放在桌上用拳頭敲碎。
普瓦圖．夏朗德（Poitu．Charentes）這個地區氣候溫暖，酪農興盛，
以產出品質優良的奶油而聞名。
以生產艾許奶油而出名的艾許村也在這個地區範圍內。

霜狀奶油

刀具分切

材料　1個份

奶油 …… 110g

A［ 細砂糖（微粒型） …… 110g
　 鹽 …… 1.6g

＊ 細砂糖（微粒型）的顆粒比糖粉大，所以口感較硬脆。

杏仁粉 …… 20g

蛋液 …… 45g

香草油 …… 1滴

蘭姆酒 …… 6g

B［ 低筋麵粉 …… 200g
　 B.P. …… 1g

裝飾蛋液

蛋黃 …… 10g

牛奶 …… 1g

前置準備

- 將奶油及蛋液回復至室溫。
- 將A混合。
- 將B混合過篩。
- 製作裝飾蛋液：將蛋黃及牛奶混合，用茶篩過濾。
- 將烤盤鋪上烘焙紙。
- 將烤箱預熱至170℃（烘烤時）。

【工具】
直徑23～24㎝的鋼盆（當作模具使用）

保存

放入密封容器中可以常溫保存約10天（放入乾燥劑）。

作法

1 將奶油放入盆中，以木匙攪拌成偏硬的霜狀奶油。

2 分三次加入A，每次加入時都用木匙慢慢地攪拌混合，待細砂糖逐漸融入奶油之後，以描繪橫長橢圓的方式攪拌。

3 加入杏仁粉，以描繪橫長橢圓的方式攪拌。

4 分三次加入蛋液，每次都用和步驟3一樣的方式攪拌混合。

5 依序加入香草油及蘭姆酒，每次都用和步驟3一樣的方式攪拌混合。

6 B也分兩次加入，每次加入時都用由下往上切拌的方式混合。混合程度至八成就可以了。

7 最後換成刮板，將麵團由下往上翻起再下壓，一直用這樣的方式混合至看不見粉粒為止。

8 用刮板將麵團整理成約2㎝厚的正方形，再用保鮮膜包起來放進冷藏靜置2～3小時。

9 〈成形〉從冰箱中取出，在周圍預留1㎝左右的空間，重新用保鮮膜輕輕的包裹。

10 隔著保鮮膜用擀麵棍敲打麵團使其軟化。接著將麵團擀成大約1㎝厚，連同保鮮膜一起將麵團翻面，再擀一次。

11 拆開保鮮膜，將麵團放到新的保鮮膜上，再蓋上原本那張保鮮膜，將麵團夾在中間。

12 在麵團兩側放上7～8㎜的厚度尺，用擀麵棍將麵團擀成圓形。就這樣將夾在保鮮膜中的麵團放進冷凍庫中，冰鎮20～30分鐘。

13 從冷凍庫取出麵團，用鋼盆等工具輔助，切出直徑23～24㎝的圓形*a.*。

14 在步驟13的麵團表面塗滿裝飾蛋液，接著將叉子背面傾斜45度，在表面畫出等間隔的格紋，再放到烤盤上。

15 〈烘烤〉放入烤箱，以170℃烘烤38～43分鐘（烤成焦糖色）。烤好之後放到冷卻架上放涼。

a.

Sablés diamant
鑽石莎布蕾

這款簡單的甜點是將麵團做成條狀再分切烘烤的切片餅乾。
因為周圍會沾上一圈亮晶晶的細砂糖，所以原文名稱中有代表鑽石的「diamant」。
只要調整加入其中的材料，就能做出各式各樣的變化。
作為連結的水分，使用的不是蛋液而是水，可以更直接地感受到奶油風味。

材料　各30片份

奶油 …… 152g

A［糖粉 …… 64g
　 鹽 …… 1.2g］

水 …… 18g

低筋麵粉 …… 214g

迷迭香（新鮮／切碎） …… 2g

手粉（高筋麵粉） …… 適量

蛋白、細砂糖 …… 各適量

前置準備

- 將奶油回復至室溫。
- 將A混合。
- 低筋麵粉過篩。
- 將烤盤鋪上烘焙紙。
- 將烤箱預熱至170℃（烘烤時）。

作法

1 將奶油放入盆中，以木匙攪拌成偏硬的霜狀奶油。

2 分三次加入A，每次加入時都用木匙慢慢地攪拌混合，待糖粉逐漸融入奶油之後，以描繪橫長橢圓的方式攪拌。

3 分三次加入分量內的水，每次加入時都以描繪橫長橢圓的方式攪拌。

＊ 麵團不易融合時，可以將攪拌盆隔水加熱。不過要注意避免奶油融化。

4 分兩次加入麵粉，每次加入時都用由下往上切拌的方式混合。混合程度至八成就可以了。

5 最後換成刮板，將麵團由下往上翻起再下壓，一直用這樣的方式混合至看不見粉粒為止。

6 用刮板將麵團整理成約2㎝厚的正方形，再用保鮮膜包起來放進冷藏靜置3小時～一個晚上。

7 〈成形〉拆掉保鮮膜，將麵團放在台面上，分成兩等分，其中一塊麵團放上迷迭香碎末。接著，將兩塊麵團分別用手掌按壓搓揉，將其搓揉均勻。

8 將步驟8的麵團分別搓成圓筒狀，接著用手掌在台面上將其滾動搓揉成約30㎝長的條狀。最後，用砧板等工具貼著麵團上方滾動*a.*，使表面變得均勻整齊。

9 分別用保鮮膜包好，放進冰箱冷凍3小時～一個晚上。

10 〈烘烤〉從冷凍庫中取出，拆除保鮮膜，用毛刷將麵團塗上一層薄薄的蛋白。

11 在砧板上鋪上一層薄薄的細砂糖，將步驟10的麵團放在細砂糖上滾動沾裹*b.*。

12 將麵團分別靠在量尺邊，用小刀在每公分處做記號，接著切片排列在烤盤上。

13 以170℃烘烤17～20分鐘。烤好之後放到冷卻架上放涼。

a.

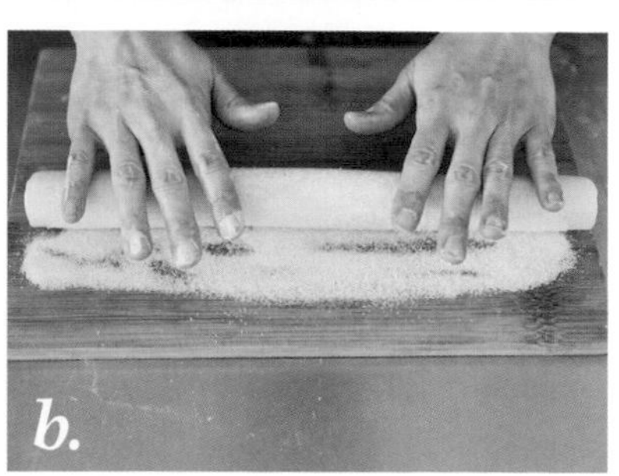
b.

保存

放入密封容器中可以常溫保存約10天（放入乾燥劑）。

Sablés viennois
維也納酥餅

Viennois指的是「維也納的」。
這是款以擠花方式製作的酥餅
依據擠花的方法可以做成各種不同的形狀。
有波浪形及圓形等，可以擠成自己喜歡的形狀，感受線條的美感。
最後放上一顆糖漬櫻桃作裝飾，看起來有點復古的氛圍。

材料
波浪形：20～24個份
圓形：約30個份
奶油 …… 80g
A［糖粉 …… 29g
　 鹽 …… 0.6g
蛋白 …… 12g
香草油 …… 1滴
低筋麵粉 …… 88g
糖漬櫻桃（圓形酥餅用） …… 4個

前置準備
- 將奶油及蛋白回復至室溫。
- 將A混合。
- 低筋麵粉過篩。
- 糖漬櫻桃切成$\frac{1}{8}$等分。
- 在烤盤尺寸的紙上畫上擠花輔助線（波浪形為間隔5.5㎝的橫線，圓形為直徑3.5㎝的圓）放在烤盤上，再疊上一張烘焙紙。
- 將烤箱預熱至170℃（烘烤時）。

【工具】
星形花嘴（口徑11㎜，8齒）
擠花袋

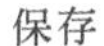
保存

放入密封容器中可以常溫保存約1週（放入乾燥劑）。

作法

1 將奶油放入盆中，以木匙攪拌成偏軟的霜狀奶油。

2 分兩次加入A，每次加入時都用木匙慢慢地攪拌混合，待糖粉逐漸融入奶油之後，以描繪橫長橢圓的方式攪拌。

3 分兩次加入蛋白，每次加入時都以打蛋器大幅度畫圓的方式充分攪拌。

4 加入香草油，每次都用和步驟3一樣的方式攪拌混合。

5 分兩次加入麵粉，每次加入時都用木匙由下往上切拌的方式混合。混合程度至八成就可以了。

6 最後換成橡皮刮刀，將麵團由下往上翻動切拌，一直用這樣的方式充分混合至看不見粉粒為止。

7 〈成形〉將花嘴裝到擠花袋上，填入步驟6的麵糊，在烤盤上擠出5.5㎝長的波浪狀*a.*，或直徑3.5㎝的圓形再放上糖漬櫻桃。

＊ 在紙上畫上間隔5.5㎝的橫線及直徑3.5㎝的圓，再將紙放在烘焙紙下，就能擠出大小相同的形狀。

8 〈烘烤〉放入烤箱，以170℃烘烤17～20分鐘（烤到周圍略帶褐色的程度）。烤好之後放到冷卻架上放涼。

a.

Palets de dames
葡萄乾莎布蕾

霜狀奶油　　擠花

這款樸素的莎布蕾是在柔軟的麵糊中加入葡萄乾烘烤而成的小圓餅。
和貓舌餅有些相似，但是加入葡萄乾及蘭姆酒之後，
散發著成熟的香氣，口味也更加豐富。
原文名稱Palets de dames（女士的圓盤）的由來是因為，這是女性可以一口吃下的小圓餅。

材料　約50片份

奶油 …… 50g
A［糖粉 …… 50g
　 鹽 …… 0.4g
蛋液 …… 24g
蘭姆酒 …… 3g
低筋麵粉 …… 60g
葡萄乾（切一半） …… 32g份

前置準備

- 將奶油及蛋液回復至室溫。
- 將A混合。
- 低筋麵粉過篩。
- 將烤盤鋪上烘焙紙
- 將烤箱預熱至200℃（烘烤時）。

【工具】
圓形花嘴（口徑12㎜）
擠花袋

作法

1 將奶油放入盆中，以木匙攪拌成偏軟的霜狀奶油。
2 分三次加入A，每次加入時都用木匙慢慢地攪拌混合，待糖粉逐漸融入奶油之後，以描繪橫長橢圓的方式攪拌。
3 分三次加入蛋液，每次加入時都以描繪橫長橢圓的方式攪拌混合。
4 加入蘭姆酒，用和步驟3一樣的方式攪拌混合。
5 加入低筋麵粉，以由下往上切拌的方式混合。混合程度至八成就可以了。
6 加入葡萄乾（不要攪拌）。
7 最後換成橡皮刮刀，將麵團由下往上翻動切拌，一直用這樣的方式充分混合至看不見粉粒為止。
8 〈成形〉將花嘴裝到擠花袋上，填入步驟7的麵糊，在烤盤上擠出直徑2.5㎝左右的圓形*a.*。
9 〈烘烤〉放入烤箱，以200℃烘烤8～10分鐘（烤到周圍略帶褐色的程度）。烤好之後放到冷卻架上放涼。

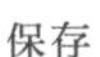
保存

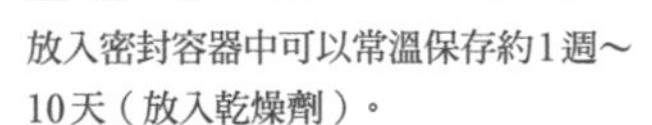
放入密封容器中可以常溫保存約1週～10天（放入乾燥劑）。

a.

Gipfeli
山峰餅乾

原文Gipfeli在德語是「山頂上」的意思。
從名稱猜想，這應該是以山頂的弧度為靈感製成的餅乾。
榛果獨有的香氣再搭配上香料，吃起來有些異國風情。
在口味上是很有個性的餅乾。

材料　約35個份

奶油 …… 60g
糖粉 …… 45g
A［杏仁粉 …… 22g
　 榛果粉 …… 22g
香草油 …… 1滴
蛋白 …… 20g
B［低筋麵粉 …… 60g
　 肉桂粉 …… 0.5g
　 肉豆蔻粉 …… 0.5g
裝飾用巧克力（牛奶） …… 適量

前置準備

- 將奶油及蛋白回復至室溫。
- 將A混合，用網目較粗的篩網過篩。
- 將B混合過篩。
- 在烤盤尺寸的紙上畫上直徑3.5㎝的圓作為輔助線，放在烤盤上，再疊上一張烘焙紙。
- 將烤箱預熱至170℃（烘烤時）。

【工具】
星形花嘴（口徑6㎜，8齒）
擠花袋

保存

放入密封容器中可常溫（天氣熱時請放進冰箱）保存約1週～10天（放入乾燥劑）。堅果的香氣會隨著時間逐漸消失，要儘早享用。

作法

1 將奶油放入盆中，以木匙攪拌成偏軟的霜狀奶油。
2 分兩次加入糖粉，每次加入時都用木匙慢慢地攪拌混合，待糖粉逐漸融入奶油之後，以描繪橫長橢圓的方式攪拌。
3 分兩次加入A，每次加入時都以描繪橫長橢圓的方式充分攪拌混合。
4 加入香草油，用和步驟3一樣的方式攪拌混合。
5 分三次加入蛋白，每次加入時都用打蛋器充分攪拌混合。
6 B也分兩次加入，以木匙由下往上切拌的方式混合。混合程度至八成就可以了。
7 最後換成橡皮刮刀，將麵團由下往上翻動切拌，一直用這樣的方式充分混合至看不見粉粒為止。
8 〈成形〉將花嘴裝到擠花袋上，填入步驟7的麵糊，沿著鋪在烘焙紙底下的紙上線條在烤盤上擠花。擠花時圓形的下方要稍微留點空間*a.*。
9 〈烘烤，裝飾〉取出畫線的紙，將麵糊放入烤箱，以170℃烘烤約18分鐘。烤好之後放到冷卻架上放涼。
10 將裝飾用的巧克力隔水加熱融化，再將步驟9的餅乾兩端沾上巧克力。沾好之後排列在烤盤上，放入冰箱冷藏5分鐘左右，讓巧克力凝固。

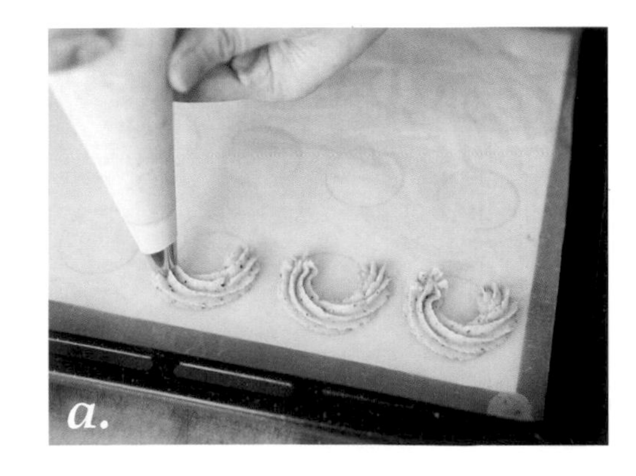
a.

Nero
尼洛

維也納酥餅的一種，可以享受到巧克力的苦甜滋味。
經典的尼洛餅乾中間會夾入覆盆子果醬，但是我希望能盡量防止餅乾受潮，
所以使用了巧克力及焦糖堅果醬夾心。
是款口味濃郁的餅乾。
雖然這裡是做成細長形，不過做成圓形也OK。

材料　約25個份

奶油 …… 50g
糖粉 …… 35g
蛋液 …… 22g
香草油 …… 1滴
A［低筋麵粉 …… 46g
　 可可粉 …… 8g

夾餡

苦甜巧克力 …… 15g
焦糖堅果醬（榛果） …… 15g

裝飾用巧克力（苦甜） …… 適量

前置準備

- 將奶油及蛋液回復至室溫。
- 將A混合過篩。
- 製作夾餡：將巧克力隔水加熱融化，加入焦糖堅果醬，以橡皮刮刀攪拌均勻，置於常溫中直到呈現黏稠感。
- 在烤盤尺寸的紙上畫上數條間隔4.2㎝的橫線作為輔助線（參照p.43的照片），放在烤盤上，再疊上一張烘焙紙。
- 將烤箱預熱至160℃（烘烤時）。

【工具】
圓形花嘴（口徑9㎜）
擠花袋

保存

放入密封容器中可常溫（天氣熱時請放進冰箱）保存約10天（放入乾燥劑）。

作法

1. 將奶油放入盆中，以木匙攪拌成偏軟的霜狀奶油。
2. 分兩次加入糖粉，每次加入時都用木匙慢慢地攪拌混合，待糖粉逐漸融入奶油之後，以描繪橫長橢圓的方式攪拌。
3. 分三次加入蛋液，每次加入時都以描繪橫長橢圓的方式充分攪拌混合。
4. 加入香草油，用和步驟3一樣的方式攪拌混合。
5. A也分兩次加入，每次加入時都用由下往上切拌的方式混合。混合程度至八成就可以了。
6. 最後換成橡皮刮刀，將麵團由下往上翻動切拌，一直用這樣的方式充分混合至看不見粉粒為止。
7. 〈成形〉將花嘴裝到擠花袋上，填入步驟6的麵糊，沿著鋪在烘焙紙底下的紙上線條在烤盤上擠出間隔約3㎝，長度4.2㎝的條狀。
8. 〈烘烤・裝飾〉取出畫線的紙，將麵糊放入烤箱，以160℃烘烤約10分鐘。接著將溫度調降至150℃，繼續烤8分鐘，烤好之後放到冷卻架上放涼。
9. 在一半步驟8的餅乾底部（接觸烘焙紙的那面）塗上薄薄的夾餡，再蓋上另外一片餅乾*a.*。夾好之後放入冰箱中冷藏5分鐘左右，使其凝固。
10. 將裝飾用的巧克力隔水加熱融化，再將步驟9的餅乾末端斜放沾上巧克力。

a.

Langues de chat

貓舌餅

霜狀奶油　　擠花

酥脆又入口即化的口感是這款餅乾的特色。
因為形狀細長，表面粗糙的質感，而被稱取名為「貓舌餅」。
原本都是做成細長的橢圓形，不過在這裡我做成比較容易製作的圓形。
依喜好夾入巧克力餡也非常美味。

材料　約75片份

奶油 …… 30g
糖粉 …… 30g
蛋白 …… 30g
低筋麵粉 …… 30g

前置準備

- 將奶油及蛋白回復至室溫，蛋白要打散。
- 低筋麵粉過篩。
- 將烤盤鋪上烘焙紙。
- 將烤箱預熱至170℃（烘烤時）。

【工具】
圓形花嘴（口徑8㎜）
擠花袋

作法

1 將奶油放入盆中，以木匙攪拌成偏軟的霜狀奶油。

2 分兩次加入糖粉，每次加入時都用木匙慢慢地攪拌混合，待糖粉逐漸融入奶油之後，以描繪橫長橢圓的方式攪拌。

3 分四次加入蛋白，每次加入時都以打蛋器大幅度畫圓的方式充分攪拌混合。過程中，混合至第三次結束時，加入 $\frac{1}{3}$ 分量的低筋麵粉，以同樣的方式拌勻，接著再加入第四次的蛋白攪拌混合。

4 在步驟3的麵糊中加入剩餘的低筋麵粉，用由下往上切拌的方式混合。混合程度至八成就可以了。

5 最後換成橡皮刮刀，將麵團由下往上翻動切拌，一直用這樣的方式充分混合至看不見粉粒為止。

6 〈成形〉將花嘴裝到擠花袋上，填入步驟5的麵糊，在烤盤上擠出直徑1.8㎝左右的圓頂狀*a*.。

7 〈烘烤〉放入烤箱，以170℃烘烤約12～14分鐘（烤到周圍上色，中央偏白的狀態）。烤好之後放到冷卻架上放涼。

保存

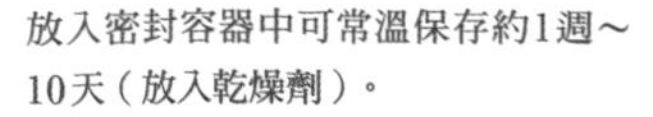
放入密封容器中可常溫保存約1週～10天（放入乾燥劑）。

a.

以粉狀奶油製作的餅乾

以手將塊狀奶油及麵粉搓揉混合的粉狀物製成。
這也是「莎布蕾」這種餅乾的名稱由來之一，
意思是用沙做成的。
以沙粒為靈感，將奶油做成鬆粉狀。
一開始先以奶油沾裹麵粉的方式混合，
接著用大拇指腹將其壓碎混合，
最後用手掌搓揉混合成鬆粉狀。
以奶油裹上麵粉的方式可以抑制麵筋成形，
所以麵團質地會比霜狀奶油製成的更鬆散。
可以做出口感酥鬆綿密的莎布蕾。

Sablés bretons
布列塔尼薄餅

這是在法國西北布列塔尼地區很常見的一種餅乾。
因為奶油產量高，又是以產鹽著名的地區，
所以這裡可以看見許多使用加鹽奶油製成的甜點。
布列塔尼薄餅就是其中一種。
香濃的奶油風味及鹹甜口味為其特徵。
這份食譜使用的是無鹽奶油，並添加多一點的鹽。

Sablés bretons
布列塔尼薄餅

材料　約17片份

奶油 …… 70g

A
- 低筋麵粉 …… 100g
- B.P. …… 3g

B
- 糖粉 …… 60g
- 鹽 …… 1.2g

C
- 蛋液 …… 20g
- 蘭姆酒 …… 2g

製作重點
- 用模具壓剩的麵團可以再折疊成團，像最開始的麵團一樣用兩張保鮮膜夾起來，以擀麵棍擀平，接著放進冷凍庫中冰鎮20～30分鐘，再用模具壓出造型。
- 作業過程中，奶油融化造成麵團開始沾黏，不容易操作時，可以將麵團放回冰箱中冰鎮再重新開始作業。
- 烘烤時若分成兩次烘烤，第二次烘烤的餅乾可以排列在烘焙紙上，用保鮮膜輕輕覆蓋不緊貼，再放入冰箱中冷藏。

前置準備
- 將奶油切成邊長5㎜的丁狀（若使用食物調理機，可以切成1㎝丁狀），在冰箱中冷藏冰鎮約1小時。
- 將A混合過篩，放入冰箱中冷凍冰鎮約1小時（若使用食物調理機請放冷藏）。
- 分別混合B及C。
- 將烤盤鋪上烘焙紙。
- 將烤箱預熱至170℃（烘烤時）。

【此處使用的模具】
直徑6㎝的圓模

作法

1　將A及奶油加入盆中，讓奶油裹上麵粉。

2　以大拇指腹將奶油壓碎混合。

3　當奶油顆粒開始變小之後，就可以用手掌搓揉使麵粉顆粒變得更細。將整體混合成粗沙粒狀就可以了。

＊若使用食物調理機，奶油要切成1㎝丁狀和A一起攪拌。

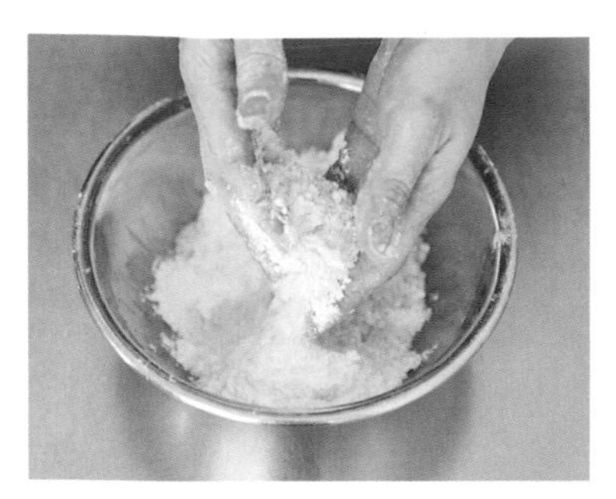

4　加入B，整體攪拌混合均勻。

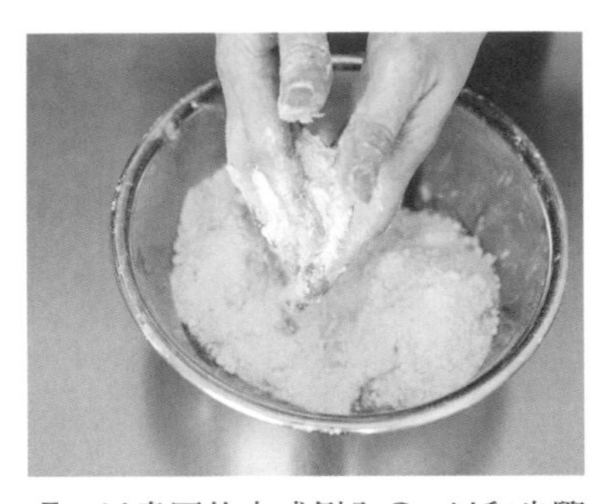

5　以畫圓的方式倒入C，以和步驟4相同的方式攪拌混合。

6　以刮板將盆中的麵團壓成一團。

7　用刮板將麵團整理成約2㎝厚的正方形，再用保鮮膜包起來放進冷藏靜置3小時～一個晚上。

＊ 時間足夠的話請靜置一個晚上，讓材料充分融合。

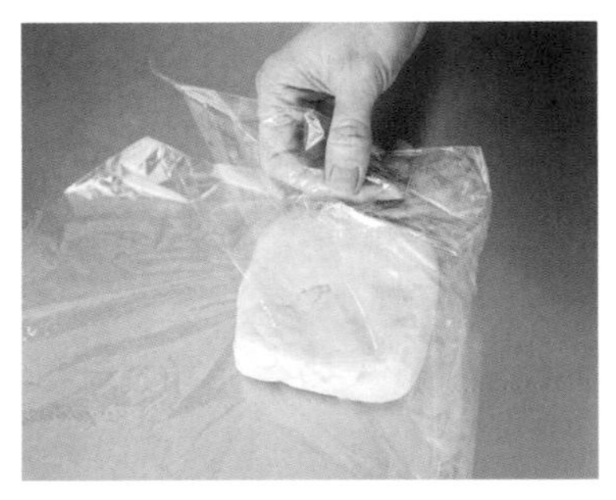

8　〈成形・烘烤〉從冰箱中取出，在周圍預留1㎝左右的空間，重新用保鮮膜輕輕的包裹。

＊ 保鮮膜若包得太緊，可能會在用擀麵棍敲打時破裂。

9　隔著保鮮膜用擀麵棍敲打麵團使其軟化。接著將麵團擀成大約1㎝厚，連同保鮮膜一起將麵團翻面，再擀一次。

10　拆開保鮮膜，將麵團放到新的保鮮膜上，再蓋上原本那張保鮮膜，將麵團夾在中間。

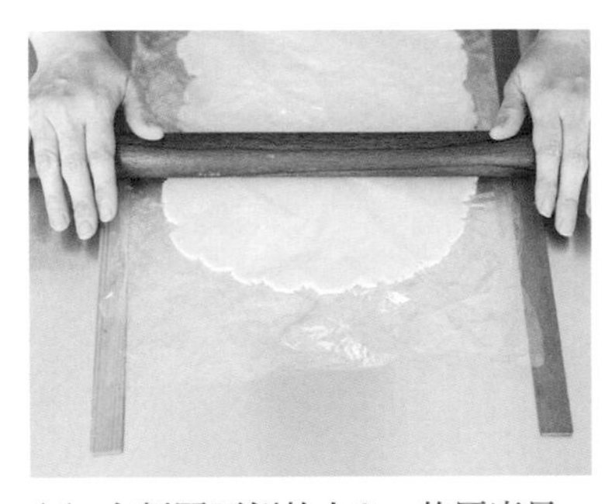

11　在麵團兩側放上3㎜的厚度尺，用擀麵棍將麵團擀平。就這樣將夾在保鮮膜中的麵團放進冷凍庫中，冰鎮20～30分鐘。

＊ 因為奶油含量高，拆下保鮮膜時容易沾黏。可以在沾黏的麵團表面撒上一些手粉（高筋麵粉／分量外）

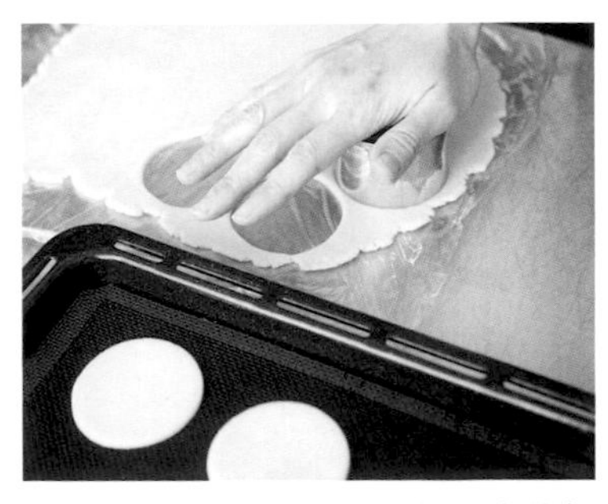

12　用模具壓出造型後，排列在烤盤上。放入烤箱，以170℃烘烤18～20分鐘。剛出爐時餅乾還很鬆軟，就這樣放涼之後再放到冷卻架上。

保存

放入密封容器中可以常溫保存約1週（放入乾燥劑）。

Mémo　成形後的莎布蕾麵團可以冷凍保存1個月左右。成形的麵團要用保鮮膜輕輕包裹，放入冷凍庫中冰鎮3小時左右使其變硬，接著用保鮮膜包好避免乾燥，放入冷凍包鮮袋中保存。

Sablés de Noël
聖誕餅乾

這是款以聖誕季節為靈感製成的餅乾。
調和了三種香料，散發著辛香味，為了降低香料的辛辣感，
配方中是以杏仁粉帶出香料的氣味。
戳出小洞後烘烤，就能穿上繩子當作聖誕樹上的裝飾了。

材料

奶油 …… 63g

A
- 低筋麵粉 …… 105g
- B.P. …… 0.6g
- 肉桂粉 …… 3g
- 薑粉 …… 1g
- 肉荳蔻粉 …… 0.5g

B
- 糖粉 …… 55g
- 鹽 …… 0.4g
- 杏仁粉 …… 30g

蛋液 …… 23g

前置準備

- 將奶油切成邊長5㎜的丁狀（若使用食物調理機，可以切成1㎝丁狀），在冰箱中冷藏冰鎮約1小時。
- 將A混合過篩，放入冰箱中冷凍冰鎮約1小時（若使用食物調理機請放冷藏）。
- 將B混合。
- 將烤盤鋪上烘焙紙。
- 將烤箱預熱至170℃（烘烤時）。

【此處使用的模具】
聖誕樹（大）：7×6㎝
聖誕樹（中）：6×4.2㎝
聖誕樹（小）：4.6×4.2㎝
星形：直徑4.5㎝

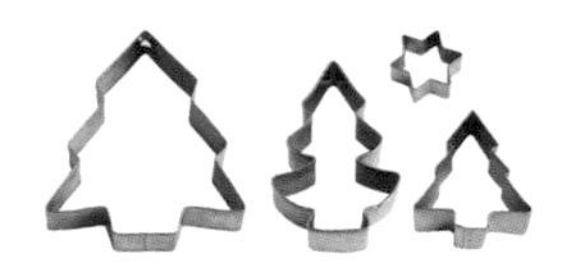

保存

放入密封容器中可以常溫保存約1週（放入乾燥劑）。

作法

1. 將A及奶油加入盆中，讓奶油裹上麵粉。
2. 以大拇指腹將奶油壓碎混合。
3. 當奶油顆粒開始變小之後，就可以用手掌搓揉使麵粉顆粒變得更細。將整體混合成粗沙粒狀就可以了。
4. 加入B，整體攪拌混合均勻。
5. 以畫圓的方式倒入蛋液，以和步驟4相同的方式攪拌混合。
6. 以刮板將盆中的麵團壓成一團。
7. 用刮板將麵團整理成約2㎝厚的正方形，再用保鮮膜包起來放進冷藏靜置3小時～一個晚上。
8. 〈成形・烘烤〉從冰箱中取出，在周圍預留1㎝左右的空間，重新用保鮮膜輕輕的包裹。
9. 隔著保鮮膜用擀麵棍敲打麵團使其軟化。接著將麵團擀成大約1㎝厚，連同保鮮膜一起將麵團翻面，再擀一次。
10. 拆開保鮮膜，將麵團放到新的保鮮膜上，再蓋上原本那張保鮮膜，將麵團夾在中間。
11. 在麵團兩側放上3㎜的厚度尺，用擀麵棍將麵團擀平。就這樣將夾在保鮮膜中的麵團放進冷凍庫中，冰鎮20～30分鐘。
12. 用模具壓出造型，排列在烤盤。放入烤箱，以170℃烘烤16～19分鐘，烤好之後放到冷卻架上放涼。

Sablés linzer
林茲餅乾

維也納甜點中非常受歡迎的林茲蛋糕，
是以加入香料及堅果的蛋糕體夾著紅色果醬（紅醋栗及覆盆子）組合而成的。
我將這個組合應用在莎布蕾上，
以帶著微微肉桂風味的餅乾，夾入酸甜的覆盆子果醬。
可以盡情享受香料及莓果營造出的異國風味。

材料　約30個份

奶油 …… 75g

A［低筋麵粉 …… 75g
　 肉桂粉 …… 4.5g

B［糖粉 …… 56g
　 鹽 …… 0.3g

C［杏仁粉 …… 60g
　 榛果粉 …… 15g

蛋液 …… 18g

覆盆子果醬 …… 約100g

前置準備

- 將奶油切成邊長5㎜的丁狀（若使用食物調理機，可以切成1㎝丁狀），在冰箱中冷藏冰鎮約1小時。
- 將A混合過篩，放入冰箱中冷凍冰鎮約1小時（若使用食物調理機請放冷藏）。
- 將B混合，C以粗網目的篩網過篩。接著將B與C混合，放入冰箱中冷藏約1小時。
- 將烤盤鋪上烘焙紙。
- 將烤箱預熱至170℃（烘烤時）。

【此處使用的模具】
邊長3.7㎝的正方形
另外準備口徑9㎜的圓形花嘴（挖洞用）

作法

1. 將A及奶油加入盆中，讓奶油裹上麵粉。
2. 以大拇指腹將奶油壓碎混合。
3. 當奶油顆粒開始變小之後，就可以用手掌搓揉使麵粉顆粒變得更細。將整體混合成粗沙粒狀就可以了。
4. 加入混合好的B及C，整體攪拌混合均勻。
5. 以畫圓的方式倒入蛋液，以和步驟4相同的方式攪拌混合。
6. 以刮板將盆中的麵團壓成一團。
7. 用刮板將麵團整理成約2㎝厚的正方形，再用保鮮膜包起來放進冷藏靜置3小時～一個晚上。
8. 〈成形〉從冰箱中取出，在周圍預留1㎝左右的空間，重新用保鮮膜輕輕的包裹。
9. 隔著保鮮膜用擀麵棍敲打麵團使其軟化。接著將麵團擀成大約1㎝厚，連同保鮮膜一起將麵團翻面，再擀一次。
10. 拆開保鮮膜，將麵團放到新的保鮮膜上，再蓋上原本那張保鮮膜，將麵團夾在中間。
11. 在麵團兩側放上2㎜的厚度尺，用擀麵棍將麵團擀平。就這樣將夾在保鮮膜中的麵團放進冷凍庫中，冰鎮20～30分鐘。
12. 用模具壓出造型，在其中一半的麵團上以花嘴挖出1～3個洞，接著排列在烤盤。
13. 〈烘烤・裝飾〉放入烤箱，以170℃烘烤13～15分鐘。烤好之後放到冷卻架上放涼。
14. 將覆盆子果醬及水10g（分量外）加入小鍋中，以小火加熱。一直熬煮到果醬滴入冷水中會結塊的程度（參照p.21）。
15. 以湯匙在步驟13中未挖洞的餅乾上放上步驟14果醬，再蓋上挖好洞的餅乾。

保存

放入密封容器中可以常溫保存約5天（放入乾燥劑）。果醬的水分會讓餅乾受潮，所以要盡可能早點吃完。

Romias

羅蜜亞（羅馬盾牌餅乾）

羅蜜亞的特色是以蘇丹花嘴擠花製成。
因為這種花嘴價格較高，擠花難度也高，所以改用菊花型模具壓製，比較方便。
中心填入餡料後烘烤，以莎布蕾與焦糖杏仁組成，
吃起來有點佛羅倫汀脆餅的味道。

材料　約28片份

奶油 …… 66g
低筋麵粉 …… 95g
A
- 糖粉 …… 35g
- 鹽 …… 0.6g
- 杏仁粉 …… 13g

蛋液 …… 20g

餡料

奶油 …… 15g
細砂糖 …… 15g
蜂蜜 …… 15g
杏仁角 …… 22g

前置準備

- 將奶油切成邊長5㎜的丁狀（若使用食物調理機，可以切成1㎝丁狀），在冰箱中冷藏冰鎮約1小時。
- 低筋麵粉過篩，放入冰箱中冷凍冰鎮約1小時（若使用食物調理機請放冷藏）。
- 將A混合。
- 製作餡料：將奶油、細砂糖、蜂蜜放入小鍋中，以小火加熱，一邊加熱一邊攪拌。煮沸之後關火，加入杏仁角，移入容器中冷卻。
- 將烤盤鋪上烘焙紙。
- 將烤箱預熱至170℃（烘烤時）。

作法

1 將麵粉及奶油加入盆中，讓奶油裹上麵粉。
2 以大拇指腹將奶油壓碎混合。
3 當奶油顆粒開始變小之後，就可以用手掌搓揉使麵粉顆粒變得更細。將整體混合成粗沙粒狀就可以了。
4 加入A，整體攪拌混合均勻。
5 以畫圓的方式倒入蛋液，以和步驟4相同的方式攪拌混合。
6 以刮板將盆中的麵團壓成一團。
7 用刮板將麵團整理成約2㎝厚的正方形，再用保鮮膜包起來放進冷藏靜置3小時～一個晚上。
8 〈成形〉從冰箱中取出，在周圍預留1㎝左右的空間，重新用保鮮膜輕輕的包裹。
9 隔著保鮮膜用擀麵棍敲打麵團使其軟化。接著將麵團擀成大約1㎝厚，連同保鮮膜一起將麵團翻面，再擀一次。
10 拆開保鮮膜，將麵團放到新的保鮮膜上，再蓋上原本那張保鮮膜，將麵團夾在中間。
11 在麵團兩側放上4㎜的厚度尺，用擀麵棍將麵團擀平。就這樣將夾在保鮮膜中的麵團放進冷凍庫中，冰鎮20～30分鐘。
12 用模具壓出造型，再用花嘴較大的一側在麵團中心挖洞。
13 排列在烤盤上，以湯匙在中心填入餡料*a.*。
14 〈烘烤・裝飾〉放入烤箱，以170℃烘烤16～18分鐘（烤到中央呈焦糖色，周圍看起來是香脆的褐色）。餅乾不燙之後再放到冷卻架上放涼。

【此處使用的模具】
直徑4.5㎝的菊花型模
另外準備口徑11㎜的圓形花嘴（挖洞用）

保存

中心餡料會讓餅乾受潮，放涼之後要馬上放入密封容器中。常溫可保存約1週（放入乾燥劑）。

a.

Sablés au chocolat et caramel salé
巧克力鹽味焦糖餅乾

在可可風味的莎布蕾中間，夾入帶有鹹味的柔軟焦糖夾心。
這裡是使用帶有鮮味的葛宏德鹽之花。
巧克力、鹽、焦糖的味道相輔相成。
滋味濃郁，推薦在秋冬時享用。

材料　約18個份

奶油 …… 45g

A
- 低筋麵粉 …… 66g
- 可可粉 …… 8g
- B.P. …… 0.4g

B
- 糖粉 …… 40g
- 鹽 …… 0.2g
- 杏仁粉 …… 20g

蛋液 …… 16g

焦糖　容易製作的分量（作法參照下方）

鮮奶油（乳脂肪量36%） …… 80g

細砂糖 …… 100g

葛宏德鹽之花（結晶） …… 適量

裝飾用巧克力（苦味） …… 適量

可可碎粒 …… 適量

前置準備

- 將奶油切成邊長5㎜的丁狀（若使用食物調理機，可以切成1㎝丁狀），在冰箱中冷藏冰鎮約1小時。
- 將A混合過篩，放入冰箱中冷凍冰鎮約1小時（若使用食物調理機請放冷藏）。
- 將B混合。
- 將烤盤鋪上烘焙紙。
- 將烤箱預熱至160℃（烘烤時）。

焦糖的作法

1 將鮮奶油放入耐熱容器中，蓋上保鮮膜，放入微波爐以600W加熱約1分鐘（約80℃）。

2 將一半的細砂糖放入小鍋中，以小火加熱，一邊加熱一邊搖晃鍋子，將砂糖煮溶。注意觀察，加熱至深褐色時關火。

3 將步驟1的鮮奶油分三次加入鍋中，每次加入時都用橡皮刮刀攪拌均勻（可能會噴濺，要小心！）最後再加入一半的細砂糖攪拌溶入其中。

4 再次以小火加熱，一邊用橡皮刮刀攪拌一邊加熱至114～115℃。關火，將煮好的焦糖倒在鋪了烘焙紙的調理盤中，在常溫中冷卻。

作法

1 將奶油及A加入盆中，奶油裹上麵粉。

2 以大拇指腹將奶油壓碎混合。

3 當奶油顆粒開始變小之後，就可以用手掌搓揉使麵粉顆粒變得更細。將整體混合成粗沙粒狀就可以了。

4 加入B，整體攪拌混合均勻。

5 以畫圓的方式倒入蛋液，以和步驟4相同的方式攪拌混合。

6 以刮板將盆中的麵團壓成一團。

7 用刮板將麵團整理成約2㎝厚的正方形，再用保鮮膜包起來放進冷藏靜置3小時～一個晚上。

8 〈成形〉從冰箱中取出，在周圍預留1㎝左右的空間，重新用保鮮膜輕輕的包裹。

9 隔著保鮮膜用擀麵棍敲打麵團使其軟化。接著將麵團擀成大約1㎝厚，連同保鮮膜一起將麵團翻面，再擀一次。

10 拆開保鮮膜，將麵團放到新的保鮮膜上，再蓋上原本那張保鮮膜，將麵團夾在中間。

11 在麵團兩側放上3㎜的厚度尺，用擀麵棍將麵團擀平。就這樣將夾在保鮮膜中的麵團放進冷凍庫中，冰鎮20～30分鐘。

12 用模具壓出造型，排列在烤盤上。

13 〈烘烤・裝飾〉放入烤箱，以160℃烘烤18～20分鐘。烤好之後放到冷卻架上放涼。

14 用刮板將焦糖切成每個5g的小塊，用手捏圓，放在一半步驟13的餅乾上*a.*。撒上葛宏德鹽之花*b.*，上面再夾上一片餅乾，輕壓讓焦糖夾心均勻分布在餅乾之中。

＊ 焦糖太軟無法使用的情況下，請放入冰箱中冷藏30分鐘。

15 將裝飾用的巧克力隔水加熱融化，將步驟14的餅乾傾斜沾上巧克力，放在烘焙紙上，馬上用可可碎粒裝飾。待巧克力凝固後就完成了。

【此處使用的模具】
直徑3.8㎝的圓模

a.

b.

保存

放入密封容器，常溫（天氣熱時放冰箱冷藏）可保存約1週（放入乾燥劑）。

Bâtonnets de fromage
起司棒

加入大量乳酪的鹽味莎布蕾
輕盈的口感和起司的鹹味很令人滿足，辛辣的黑胡椒帶有提味的作用。
很適合搭配啤酒和白酒一起享用！
切成棒狀，吃起來更方便。
比起剛出爐的時候，隔日再吃，起司味會更加濃郁。

材料　40根份

奶油 …… 80g
低筋麵粉 …… 133g
A
- 細砂糖（微粒型）…… 25g
- 鹽 …… 1g
- 艾登起司粉 …… 47g
- 粗粒黑胡椒 …… 1.6g

蛋液 …… 27g

裝飾蛋液

蛋液 …… 適量

前置準備

- 將奶油切成邊長5㎜的丁狀（若使用食物調理機，可以切成1㎝丁狀），在冰箱中冷藏冰鎮約1小時。
- 將低筋麵粉過篩，放入冰箱中冷凍冰鎮約1小時（若使用食物調理機請放冷藏）。
- 將A混合。
- 將烤盤鋪上烘焙紙。
- 將烤箱預熱至170℃（烘烤時）。

作法

1 將麵粉及奶油加入盆中，讓奶油裹上麵粉。

2 以大拇指腹將奶油壓碎混合。

3 當奶油顆粒開始變小之後，就可以用手掌搓揉使麵粉顆粒變得更細。將整體混合成粗沙粒狀就可以了。

4 加入A，整體攪拌混合均勻。

5 以畫圓的方式倒入蛋液，以和步驟4相同的方式攪拌混合。

6 以刮板將盆中的麵團壓成一團。

7 用刮板將麵團整理成約2㎝厚的正方形，再用保鮮膜包起來放進冷藏靜置3小時～一個晚上。

8 〈成形〉從冰箱中取出，在周圍預留1㎝左右的空間，重新用保鮮膜輕輕的包裹。

9 隔著保鮮膜用擀麵棍敲打麵團使其軟化。接著將麵團擀成大約1㎝厚，連同保鮮膜一起將麵團翻面，再擀一次。

10 拆開保鮮膜，將麵團放到新的保鮮膜上，再蓋上原本那張保鮮膜，將麵團夾在中間。

11 在麵團兩側放上7㎜的厚度尺，用擀麵棍將麵團擀成長方形（約17×21㎝）。就這樣將夾在保鮮膜中的麵團放進冷凍庫中，冰鎮15～30分鐘。

12 〈烘烤〉用小刀將麵團分切為8×1㎝的條狀*a.*，排列在烤盤上。用毛刷塗上裝飾蛋液，放入烤箱，以170℃烘烤15～18分鐘。烤好之後放到冷卻架上放涼。

保存

放入密封容器中可以常溫保存約1週（放入乾燥劑）。

以液狀奶油製作的餅乾

將奶油隔水加熱融化，使用40℃的液態奶油。
為什麼不用固體而是液體，
是因為液態奶油可以排除所有奶油中的空氣。
麵粉和奶油混合時，奶油會被麵粉吸附，就沒有空氣進入的空間。
因此，這種方式做出來的莎布蕾才會是硬脆的口感。
蕎麥粉、黑糖等樸素的材料及帶有香氣的堅果
都很適合搭配液態奶油製作莎布蕾。
因為一開始是液體，所以要用打蛋器攪拌，
加入粉類之後再用橡皮刮刀混合攪拌，
最後換成刮板將盆中的麵團壓成一團。
巧妙的區分這三種工具的使用方法。

Sablés au sarrasin
蕎麥餅乾

硬脆的口感和蕎麥粉的獨特風味在口中散開，
是款令人懷念的莎布蕾。
說到蕎麥，會有種和風的印象，
不過法國布列塔尼地區其實也盛行栽種蕎麥，
在當地也可以看到這種蕎麥餅乾。

Sablés au sarrasin
蕎麥餅乾

材料　約20片份

黍砂糖 …… 54g

A
- 蕎麥粉 …… 90g
- 低筋麵粉 …… 52g
- B.P. …… 2.4g

蛋液 …… 45g

奶油 …… 54g

細砂糖 …… 適量

製作重點

- 用模具壓剩的麵團可以再折疊成團，像最開始的麵團一樣用兩張保鮮膜夾起來，以擀麵棍擀平，接著放進冷凍庫中冰鎮20～30分鐘，再用模具壓出造型。
- 作業過程中，奶油融化造成麵團開始沾黏，不容易操作時，可以將麵團放回冰箱中冰鎮再重新開始作業。
- 作業過程中，麵團若沾黏在橡皮刮刀上使其不易操作時，可以用刮板刮下麵團再繼續作業。
- 烘烤時若分成兩次烘烤，第二次烘烤的餅乾可以排列在烘焙紙上，用保鮮膜輕輕覆蓋不緊貼，再放入冰箱中冷藏。

前置準備

- 將A混合過篩。
- 蛋液回復至常溫。
- 奶油隔水加熱融化（製成約40℃的液態奶油）。
- 將烤盤鋪上烘焙紙。
- 將烤箱預熱至170℃（烘烤時）。

【此處使用的模具】
直徑4.8㎝的圓模
另外準備口徑9㎜的圓形花嘴（挖洞用）

作法

1　在盆中加入黍砂糖及A，以橡皮刮刀充分拌勻。

2　在另一個盆中加入蛋液，再分次倒入少量的液態奶油，每次加入時都用打蛋器以畫圈的方式攪拌混合。

3　分兩次將步驟2的液體以畫圈的方式加入步驟1的盆中，每次加入時都用橡皮刮刀由下往上切拌的方式混合。

4 最後換成刮板，將麵團由下往上翻起再下壓，一直用這樣的方式混合至看不見粉粒為止。

5 用刮板將麵團整理成約2cm厚的正方形，再用保鮮膜包起來放進冷藏靜置2～3小時。

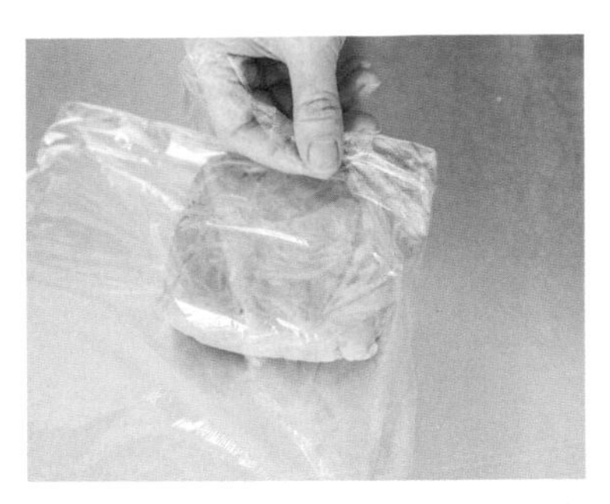

6 〈成形・烘烤〉從冰箱中取出，在周圍預留1cm左右的空間，重新用保鮮膜輕輕的包裹。

＊ 保鮮膜若包得太緊，可能會在用擀麵棍敲打時破裂。

7 隔著保鮮膜用擀麵棍敲打麵團使其軟化。接著將麵團擀成大約1cm厚，連同保鮮膜一起將麵團翻面，再擀一次。

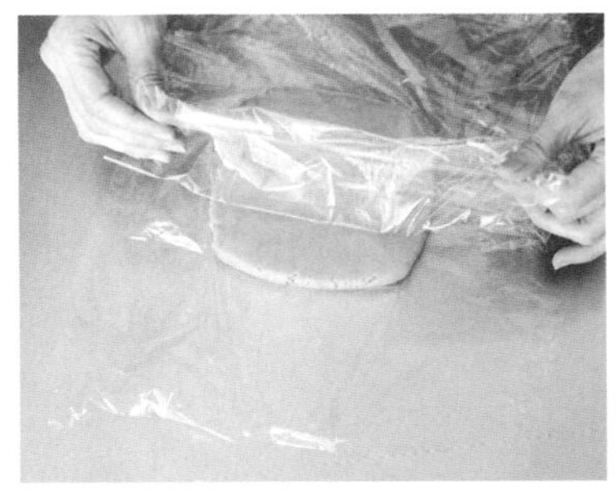

8 拆開保鮮膜，將麵團放到新的保鮮膜上，再蓋上原本那張保鮮膜，將麵團夾在中間。

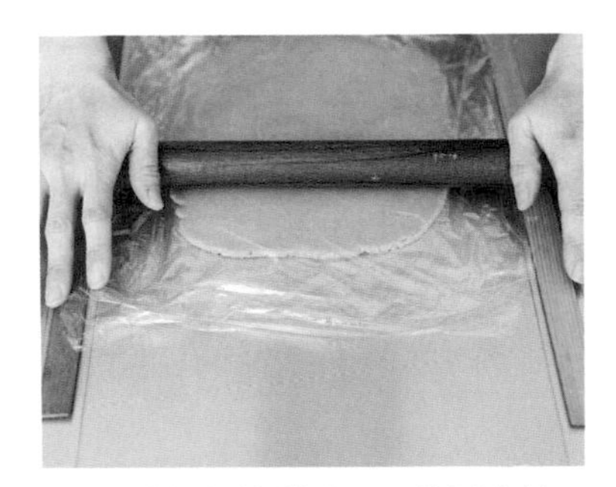

9 在麵團兩側放上5mm的厚度尺，用擀麵棍將麵團擀平。就這樣將夾在保鮮膜中的麵團放進冷凍庫中，冰鎮20～30分鐘。

＊ 和冷藏比起來，冷凍能更快將麵團冰鎮硬化。

10 用模具壓出造型，排列在烤盤上。

11 用花嘴較大的那側在中央挖洞，使麵團變成圓環狀。

12 將細砂糖放入容器中，讓步驟11的麵團表面沾上細砂糖，放回烤盤上。放入烤箱，以170℃烘烤18～20分鐘。烤好之後放到冷卻架上放涼。

保存

放入密封容器中可以常溫保存約2週（放入乾燥劑）。

Mémo

成形後的莎布蕾麵團可以冷凍保存1個月左右。成形的麵團要用保鮮膜輕輕包裹，放入冷凍庫中冰鎮3小時左右使其變硬，接著用保鮮膜包好避免乾燥，放入冷凍包鮮袋中保存。

Sablés au kokutou et gingembre
黑糖薑餅

我在小時候住過的奄美大島上吃過一種加了生薑的黑糖，
這款莎布蕾就是以此為靈感製成的。
因為加入了磨末的生薑，所以餅乾的後味會帶點辛辣感。
成形時只要徒手滾圓就可以了，很方便。
使用粉末狀的黑糖，更容易與麵粉融合，作業上也會更順暢。

材料　25片份

黑糖（粉末）…… 50g
A［低筋麵粉 …… 60g
　 B.P. …… 1.5g
蛋液 …… 12g
奶油 …… 24g
薑（磨末）…… 10g

前置準備

- 將A混合過篩。
- 蛋液回復至室溫。
- 奶油隔水加熱融化（製成約40℃的液態奶油）。
- 將烤盤鋪上烘焙紙。
- 將烤箱預熱至170℃（烘烤時）。

作法

1 在盆中加入黑糖及A，以橡皮刮刀充分拌勻。

2 在另一個盆中加入蛋液，再分次倒入少量的液態奶油，每次加入時都用打蛋器以畫圈的方式攪拌混合。最後加入薑末攪拌混合。

3 分兩次將步驟2的液體以畫圈的方式加入步驟1的盆中，每次加入時都用由下往上切拌的方式混合。

4 最後換成刮板，將麵團由下往上翻起再下壓，一直用這樣的方式混合至看不見粉粒為止。

5 用刮板將麵團整理成約2㎝厚的正方形，再用保鮮膜包起來放進冷藏靜置2～3小時。

6 〈成形〉從冰箱中取出，用刮板將麵團分切成每塊6g。

7 分別用手將麵團滾圓，排列在烤盤上，最後用手掌根部壓一下*a.*。

＊ 麵團容易沾黏，可以在手和麵團上撒上手粉（分量外）。

8 〈烘烤〉以170℃烘烤約18分鐘。烤好之後放到冷卻架上放涼。

保存

放入密封容器中可以常溫保存約10天（放入乾燥劑）。

a.

Sablés aux épices aux raisins et noix

核桃葡萄乾香料餅乾

粗獷的外觀看起來趣味樸實，
硬脆的口感和淡淡的肉桂香讓人難以抗拒。
加入核桃及葡萄乾的麵團用湯匙挖取放上烤盤就能成形，十分簡單。
事先將核桃烤過，可以讓香氣更加明顯。

材料　約18個份

黍砂糖 …… 30g
杏仁粉 …… 12g
A
- 低筋麵粉 …… 30g
- B.P. …… 1g
- 肉桂粉 …… 1.8g

蛋液 …… 15g
奶油 …… 30g
核桃 …… 50g
葡萄乾（切一半） …… 30g份

前置準備

- 將A混合過篩。
- 蛋液回復至室溫。
- 奶油隔水加熱融化（製成約40℃的液態奶油）。
- 核桃放入烤箱，以170℃烘烤7分鐘左右，再切成7㎜大的碎粒。
- 將烤盤鋪上烘焙紙。
- 將烤箱預熱至170℃（烘烤時）。

作法

1 在盆中加入黍砂糖、杏仁粉及A，以橡皮刮刀充分拌勻。
2 在另一個盆中加入蛋液，再分次倒入少量的液態奶油，每次加入時都用打蛋器以畫圈的方式攪拌混合。
3 分兩次將步驟2的液體以畫圈的方式加入步驟1的盆中，每次加入時都用橡皮刮刀由下往上切拌的方式混合。
4 攪拌程度至八成時，加入核桃及葡萄乾*a.*，繼續攪拌至看不見粉粒為止。
5 將攪拌盆蓋上保鮮膜，放進冰箱中冷藏靜置1～2小時。
6 〈成形・烘烤〉用茶匙挖取麵團，每顆10～11g，放在烤盤上，用手塑型成高山狀*b.*。
7 以170℃烘烤約18～20分鐘左右。烤好之後放到冷卻架上放涼。

保存

放入密封容器中可以常溫保存約1週（放入乾燥劑）。

a.

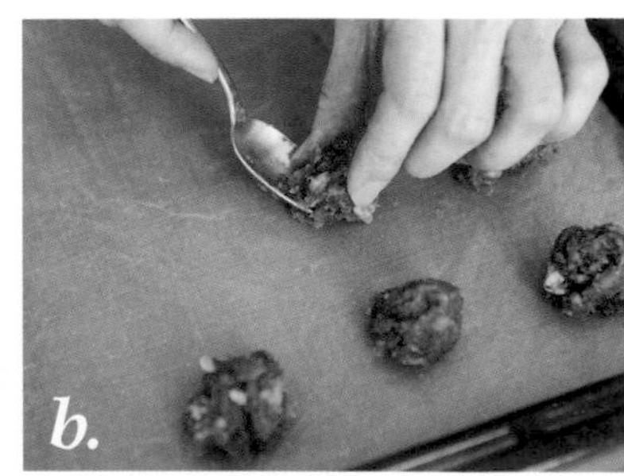
b.

Tuiles aux amandes

杏仁瓦片

液狀奶油　以湯匙成形

原文 Tuiles 是法語「瓦片」的意思，因為彎曲的弧度和法國的瓦片很像而得名。
明顯的奶油香醇及杏仁香氣，都能讓人感受到法式甜點的風味。
烘烤的訣竅是將周圍烤成深褐色，中央則是稍微偏白的程度。

材料　約12片份

蛋液 …… 24g
蛋白 …… 12g
細砂糖 …… 50g
香草油 …… 1滴
低筋麵粉 …… 12g
奶油 …… 18g
杏仁片 …… 50g

前置準備

- 蛋液及蛋白回復至室溫。
- 低筋麵粉過篩。
- 奶油隔水加熱融化（製成約40℃的液態奶油）。
- 將烤盤鋪上烘焙紙。
- 將烤箱預熱至170℃（烘烤時）。

作法

1. 在盆中加入蛋液、蛋白、細砂糖，用打蛋器以畫圓的方式攪拌混合。
2. 加入香草油，以和步驟1相同的方式攪拌。
3. 加入低筋麵粉，以和步驟1相同的方式攪拌。
4. 加入液態奶油，以和步驟1相同的方式攪拌。
5. 加入杏仁片，以橡皮刮刀充分拌勻。
6. 將攪拌盆蓋上保鮮膜，放入冰箱中冷藏3小時～一個晚上。
7. 〈成形・烘烤・裝飾〉從冰箱中取出，用餐匙挖取麵團，每塊約13g，放在烤盤上，使其擴散成直徑6㎝的圓形。因為麵團會擴散，所以周圍要保留間隔。
8. 放入烤箱，以170℃烘烤約12～15分鐘左右。
9. 依上色順序從烤箱中取出，馬上用抹刀鏟起餅乾放到擀麵棍上*a.*。冷卻且弧度定形就完成了。

保存

放入密封容器中可以常溫保存約1週（放入乾燥劑）。

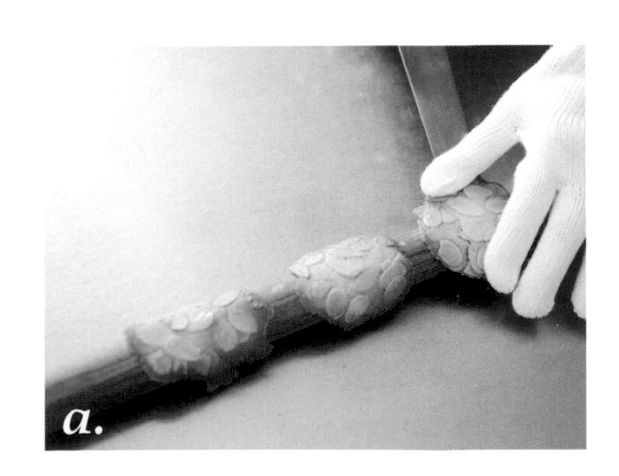
a.

將手工餅乾填裝成伴手禮！

因為莎布蕾大多是耐久放的，所以可以製作數種裝在鐵盒、罐子及透明盒裡。
這樣看起來就像店裡販售的餅乾，可以當作很體面的伴手禮。
可依喜好選擇莎布蕾的種類，不過要記得一個重點是，盡量不要讓容器中有空隙。
製作時可以想像一下拼圖的感覺。
此處介紹的方法只是眾多方法的其中一種。
請試著搭配自己身邊就有容器填裝看看。別忘了放乾燥劑唷！

填裝1~2種餅乾

此處使用的容器

A. 直徑7×高7㎝的透明盒。
B. 20×4.5×高3㎝的紙盒。
C. 8.5×8.5×高2.5㎝的透明盒。
D. 13×8.5×高5㎝的透明盒。

填裝重點

A和B都只有裝1種餅乾，所以要找尺寸完全相符的容器。
C可以用尺寸差不多的圓形及方形組合。
將相同的餅乾放在對角線位置。
D可以將外型相似，大小不同的莎布蕾放在橢圓形的盒子裡。
表面形成動感的線條。

Column

Un assortiment de sablés

填裝各種餅乾

此處使用的容器

A. 直徑17×高6.5㎝的鐵盒（放入蛋糕紙模）。
B. 8×8×高4㎝的透明盒。
C. 12.5×12.5×高3㎝的鐵盒。
D. 13×13×高4㎝的紙盒。

填裝重點

A盒的重點是，相鄰的點心要選顏色、形狀不同的。
圓形的容器要先在邊緣圍一圈，再將中心填滿。
分別用不同的蛋糕紙模填裝，看起來比較清楚分明，也方便取出。
B和C則是從靠近自己的一側往深處填放，一開始先選尺寸較大的，接著再將小尺寸的餅乾填入空隙中。
D則是以隨興的方式擺放，再附上一張字卡。

基本的材料

製作美味的莎布蕾時，
影響口感、風味及濃郁感的關鍵材料都十分重要。
請備齊合適的材料，並且仔細計量。

奶油

全部都是使用無鹽奶油。用普通的奶油也能做得好吃，但是使用發酵奶油，可以增添自然的香甜及風味。本書中使用的都是發酵奶油。請在冷藏保存的賞味期限內使用完畢。沒有用完的話，可以用保鮮膜或鋁箔紙包裹，可以冷凍保存約2個月。

粉類

杏仁粉
具有低筋麵粉沒有的油脂及鮮味，加入少量可以增添香醇風味。此外，因為沒有麩質，用來替代部分的麵粉可以提升酥脆的口感。

低筋麵粉
製作莎布蕾時使用的是麩質含量低的低筋麵粉。使用一般低筋麵粉當然可以，不過，使用法國小麥為原料製成的「ERICTURE」（日清燒菓子專用粉），會讓口感更酥脆。開封後放入密封容器中，請在2個月內左右使用完畢。

泡打粉
製作布列塔尼酥餅（p.14）等奶油及水分比例較高的麵團時加入少量泡打粉，可以在烘烤時產生二氧化碳，讓質地變得輕盈。這裡使用的是無鋁泡打粉。開封後放入密封容器中，請在2個月內左右使用完畢。

砂糖・鹽

糖粉
以細砂糖磨成粉末製成。因為顆粒細小，可以很快地與材料融合。用來製作莎布蕾可以營造出酥脆輕盈的口感。本書使用的是含有麥芽糖粉的糖粉。也可以使用含有寡糖及玉米澱粉的版本。若使用純糖粉，因為容易結塊，要先過篩後再使用。

黍砂糖
精製程度較低的褐色砂糖，口味香醇柔和。很適合搭配堅果、果乾、香料等材料。若想要製作比較有層次的風味，用黍砂糖（台灣可用二砂替代）的效果很好。

鹽
本書使用的都是法國西北部布列塔尼地區產的「葛宏德鹽（顆粒）」。這種鹽不只有鹹味，還帶有強烈的鮮味。可以襯托出食材的美味。

蛋・蘭姆酒

蛋
在麵團中除了作為連結的角色之外，還有增添美味色澤的效果。本書中使用的都是M尺寸的雞蛋。蛋液都是用全蛋打散後計量使用。

蘭姆酒
製作像莎布蕾這種烘焙點心時，推薦使用香氣濃郁香醇的黑蘭姆酒。本書使用的是牙買加產的「麥斯蘭姆酒（Original Dark）」。

工具

使用平常習慣的工具當然是最好的，
不過也可以認識一下製作莎布蕾的工具。
為了在作業時順利進行，請務必備齊工具。

攪拌

攪拌盆
準備好兩種大小會比較方便。混合麵團時使用直徑18cm的大盆，隔水加熱裝飾用巧克力等材料時使用的則是直徑13cm的小盆。建議使用導熱係數高的不鏽鋼盆。

木匙・橡皮刮刀・
打蛋器・刮板
在攪拌偏硬的霜狀奶油及麵粉較多的麵團時使用木匙；攪拌偏軟的霜狀奶油麵團時使用木匙及橡皮刮刀；刮板則是最後在收集麵團時使用。打蛋器是在奶油中加入蛋及牛奶，進行乳化時使用。

擀麵・模具壓出造型・擠花

厚度尺
擀麵時使用。放在麵團兩側，可以在擀麵時延展出均勻的厚度。麵團厚度有很多種，備齊多種厚度尺就很方便。專用的厚度尺可以在烘焙材料行購買。本書是利用五金行的角料製成2㎜、3㎜、4㎜、1cm的厚度尺，單獨或合併使用。

保鮮膜
因為要和麵團一起延展，所以建議選擇高彈力的PVC保鮮膜，比較不容易破裂。保存麵團時，則是使用氧氣不易通過的PVDC保鮮膜來防止乾燥。

花嘴
雖然是裝在擠花袋上的工具，但是本書中也將其活用作為模具壓出造型的模具。花嘴大小兩端的孔都可以使用（口徑○㎜指的是較小的那端）。

其他還有擀麵板、擀麵棍（約45cm比較容易操作）、擠花袋、模具等等。

烘烤

烘焙紙／墊
建議使用可以重複清洗使用的類型。黑色的具有網格，可以過濾多餘的水分及油分（法國製的「SILPAIN」）。米色的則是有鐵氟龍塗層處理，可以輕鬆去除髒汙。

冷卻架
等待烤好的餅乾冷卻時使用。

其他

磅秤
使用可以秤到0.1g單位的電子秤。製作莎布蕾時，依照食譜精準計量是非常重要的。雖然分量單位很細微，但還是要仔細測量。

溫度計
有電子顯示面板的類型比較方便。在熬煮佛羅倫汀脆餅的牛軋糖（p.36）及焦糖（p.62）時都會用到。熬煮方式會影響軟硬度及化口性，所以確實測量溫度也很重要。

其他還有毛刷、湯匙、茶篩等。

下園昌江 Masae Shimozono

甜點研究家，1974年生於日本鹿兒島縣。筑波大學畢業後，花費2年在日本菓子專門學校學習烘焙技術及理論，接著，在甜點店學習實作約6年。2001年開始，設立了甜點的入口網站Sweet Cafe，以寬宏的視野發表各種甜點相關情報。甜點品評閱歷25年。在國內外嚐過各式各樣的甜點，其中最受樸素的法國傳統地方甜點所吸引，希望能讓更多人知道這樣的美味，因此在2007年於自宅開辦甜點教室。最近也在規劃以實際感受地方甜點魅力為主題的法國甜點巡禮企劃。著有《フランスの素朴な地方菓子～長く愛されてきたお菓子118のストーリー》一書（與深野千尋共同著作）（MyNavi出版）。

HP http://www.sweet-cafe.jp/
Blog http://douce.cocolog-nifty.com/blog/
Instagram @masaeshimozono

【日文版工作人員】

發行人 濱田勝宏

美術指導・書籍設計 小橋太郎（Yep）

攝影 宮濱祐美子

造型搭配 曲田有子

校閱 山脇節子

編輯 小橋美津子（Yep）、田中 薰（文化出版局）

職人精選，經典歐式餅乾
31款送禮自用、團購接單必學手作曲奇食譜！

2021年11月1日初版第一刷發行
2023年11月1日初版第三刷發行

作　者　下園昌江
譯　者　徐瑜芳
編　輯　吳元晴
美術編輯　黃瀞瑢
發 行 人　若森稔雄
發 行 所　台灣東販股份有限公司
<地址>台北市南京東路4段130號2F-1
<電話>（02）2577-8878
<傳真>（02）2577-8896
<網址>http://www.tohan.com.tw
郵撥帳號　1405049-4
法律顧問　蕭雄淋律師
總 經 銷　聯合發行股份有限公司
<電話>（02）2917-8022

國家圖書館出版品預行編目（CIP）資料

職人精選，經典歐式餅乾：31款送禮自用、團購接單必學手作曲奇食譜！/下園昌江作；徐瑜芳譯. -- 初版. -- 臺北市：臺灣東販股份有限公司, 2021.11
80面；18.2×25.7公分
ISBN 978-626-304-945-1（平裝）

1.點心食譜

427.16　　110016318